国外军队装备保障建设及其借鉴研究

张福元 刘占岭 代冬升等 编著

国防工业出版社

·北京·

内 容 简 介

本书立足我军装备保障建设的现实需求，以加快推进我军装备保障转型建设为目标，重点研究分析了国外军队装备保障业务外包及风险管理、装备保障手段建设、装备保障力量发展、联合作战装备保障能力建设、装备保障性建设与管理等问题，并结合国情、军情，有针对性地提出了当前加强我军装备保障能力建设的对策和建议。

本书全面反映了国外军队装备保障能力建设的整体情况，揭示了信息化条件下装备保障能力建设的规律与特点。本书内容全面新颖，资料丰富翔实，分析论述充分，对推进我军装备保障能力建设具有重要的理论指导和实践应用价值，并可为从事装备保障教学、科研及理论研究的人员提供参考。

图书在版编目(CIP)数据

国外军队装备保障建设及其借鉴研究/张福元等编著.—北京:国防工业出版社,2024.6
ISBN 978-7-118-13282-3

Ⅰ.①国… Ⅱ.①张… Ⅲ.①军事装备—装备保障—研究—国外 Ⅳ.①E145.6

中国国家版本馆 CIP 数据核字(2024)第 104956 号

※

国防工业出版社出版发行

(北京市海淀区紫竹院南路 23 号　邮政编码 100048)
天津嘉恒印务有限公司印刷
新华书店经售

*

开本 710×1000　1/16　印张 14½　字数 254 千字
2024 年 6 月第 1 版第 1 次印刷　印数 1—2000 册　定价 98.00 元

(本书如有印装错误,我社负责调换)

国防书店:(010)88540777　　书店传真:(010)88540776
发行业务:(010)88540717　　发行传真:(010)88540762

本书编委会

编委会主任 张福元
编委会副主任 刘占岭　代冬升
编 著 者 张福元　刘占岭　代冬升　连云峰　李雅峰
　　　　　　梁晓龙　裴向前　张西山　耿　斌　谢大兵
　　　　　　梁　兵　袁祥波　王　县　王子林

前　言

随着新军事变革进程的深度推进,世界各国武器装备现代化水平显著提高,相应地,各国军队的装备保障建设也遇到了前所未有的挑战。与以往相比,大量高新技术装备列装部队,不仅使装备保障需求迅猛增长,而且也使装备保障的需求结构发生了根本性变化,传统的装备保障建设模式已难以有效应对当今装备保障需求的增长。为此,各主要军事国家为抢占军事制高点、争夺军事竞争优势,纷纷加大了对装备保障的建设力度。这不仅表现为各国军队对装备保障手段和保障力量建设等方面投入的不断增加,更表现为对装备保障理念和保障模式等方面的不断推陈出新。

近年来,我国军队的装备保障建设也取得了显著成就,但与各军事发达国家的军队相比还有明显差距。人类发展的历史已充分证明,无论是国家的发展,还是军队的建设,都不可能离开与世界其他国家和军队的相互学习和相互借鉴。瞄准新形势下装备保障需求,推进装备保障转型建设,我们坐井观天不行,闭门造车也不行,当下必须着眼向外,博采众长,借鉴他山之石。这对于现代化建设起步较晚、技术基础又较为薄弱的我军来讲,其既是我军装备保障建设发挥后发优势的基础,也是实现赶超的有力保证。

正是基于我军装备保障建设的现实需求,以加快推进我军装备保障转型建设为目标,近年来,我们对国外军队的装备保障建设开展了一系列的课题研究,旨在全面掌握国外军队加强装备保障建设的总体情况,摸清在新的历史条件下装备保障建设的规律与特点,为我军装备保障转型建设提供借鉴和参考。本书就是基于我们对外军装备保障建设近年的研究成果,并经过进一步修改和完善而编成的。虽然我们在课题研究及书稿编撰过程中始终注重历史与现实、理论与实践、国内与国外的结合,也力求对我国装备保障转型建设之路的实践、过程和理论给出求实、求真、求新的解释,但由于能力、时间以及资料收集等因素的限制,本书仍存在不少遗憾和有待继续深入研究之处。

本书是"站在巨人的肩膀上"完成的。在课题研究和书稿撰写过程中,我们不仅吸收和参考了国内外诸多专家、学者的学术思想与大量研究成果,而且也曾得到过许多专家、教授的精心指导和热情帮助,在此一并致谢。

张福元

目 录

第一篇 外军装备保障业务外包风险管理及借鉴

第一章 装备保障业务外包概述 ... 3
- 第一节 基本概念界定 ... 3
- 第二节 装备保障业务外包的现实意义 ... 6

第二章 外军装备保障业务外包实践与发展 ... 8
- 第一节 外军实施装备保障业务外包的动因 ... 8
- 第二节 外军装备保障业务外包实践 ... 10
- 第三节 外军装备保障业务外包面临的困境与风险 ... 16

第三章 外军装备保障业务外包风险管理 ... 19
- 第一节 健全相关的法规制度 ... 19
- 第二节 采用灵活的合同治理机制 ... 21
- 第三节 完善保障业务外包的管理与执行机构 ... 22
- 第四节 注重保障业务外包的风险评估 ... 23
- 第五节 采取有效的风险防控措施 ... 23

第四章 对推进我军装备保障业务外包工作的启示与建议 ... 29
- 第一节 由外军装备保障业务外包引发的启示 ... 29
- 第二节 对科学推进我军装备保障业务外包工作的建议 ... 31

参考文献 ... 40

第二篇　外军装备保障手段建设及借鉴

第五章　主要军事国家装备保障手段建设情况 ……………………45
第一节　推进新技术在装备保障领域广泛运用 ……………45
第二节　加快发展维修保障装备 ……………………………54
第三节　加快发展维修保障系统 ……………………………62

第六章　主要军事国家装备保障手段建设的特点与经验 …………67
第一节　主要军事国家装备保障手段的建设特点 …………67
第二节　主要军事国家装备保障手段建设的经验 …………74
第三节　主要军事国家装备保障手段的发展趋势 …………77

第七章　对发展我国装备保障手段的建议 …………………………81
第一节　树立正确的发展理念，明确装备保障手段建设方向 …81
第二节　着眼装备保障信息化建设目标，完善保障手段发展途径 …83
第三节　加大高新技术应用力度，夯实装备保障手段发展基础 …85
第四节　瞄准装备保障现实需求，提高保障手段的战场适用性 …90
参考文献 …………………………………………………………92

第三篇　外军装备保障力量建设及借鉴

第八章　装备维修保障力量建设概述 ………………………………97
第一节　装备维修保障力量 …………………………………97
第二节　装备维修保障力量建设 ……………………………99

第九章　外军装备维修保障力量的结构 ……………………………103
第一节　外军装备维修保障力量的外在结构 ………………103
第二节　外军装备维修保障力量的内在结构 ………………106

第十章　外军装备维修保障力量的训练 ……………………………110
第一节　维修保障人员的培训 ………………………………110
第二节　维修保障人员的训练 ………………………………113

第十一章　外军装备维修保障力量的动员 …………………………120
第一节　美军装备维修保障力量的动员 ……………………120
第二节　俄军装备维修保障力量的动员 ……………………124
第三节　其他国家军队装备维修保障力量的动员 …………126
第十二章　对我国装备维修保障力量建设的建议 ……………………127
第一节　科学推进装备维修保障力量建设 …………………127
第二节　加强装备维修保障力量动员能力建设 ……………132
参考文献 ………………………………………………………137

第四篇　美军联合作战装备保障能力建设及借鉴

第十三章　美军联合作战装备保障能力建设的主要途径和突破口 …141
第一节　构建系统的装备保障理论 …………………………141
第二节　建立联合的装备保障体制 …………………………146
第三节　发展体系化的保障装备和手段 ……………………149
第四节　实施一体化的装备保障训练 ………………………154
第十四章　对我军装备保障能力建设的启示与建议 …………………158
第一节　美军联合作战装备保障能力建设对我军的启示 …158
第二节　对我军装备保障能力建设的建议 …………………162
参考文献 ………………………………………………………174

第五篇　外军装备保障性建设及借鉴

第十五章　加强武器装备保障性建设 …………………………………179
第一节　将保障性工作贯穿于装备采办的各个阶段 ………179
第二节　重视装备的保障性试验与评价工作 ………………183
第十六章　实施全寿命周期保障 ………………………………………189
第一节　实施基于性能的保障(PBL)策略 …………………189
第二节　构建自主式保障的技术途径 ………………………200
第三节　实施持续保障的寿命周期管理 ……………………203

第十七章　构建完备的装备保障服务体系 …………………………207
　第一节　外军装备保障服务体系的特点 ………………………207
　第二节　从国外装备保障服务体系建设得到的启示 …………210
第十八章　加强我军装备保障性建设的建议 ……………………212
　第一节　大力推进我军的装备保障服务体系建设 ……………212
　第二节　用系统的观点看待装备的保障性工作 ………………213
　第三节　加强装备保障性的试验与评价工作 …………………215
　参考文献 ……………………………………………………………218

第一篇

外军装备保障业务外包风险管理及借鉴

随着世界新军事变革进程的深度推进,各国武器装备的技术含量和复杂程度越来越高,对装备进行保障的难度也在日益增大,仅依靠军队建制力量对装备进行保障显然已难以满足日益增长的装备保障需求。为有效应对装备保障面临的新形势,世界各国都在努力探索装备保障能力建设的新途径。

装备保障业务外包是装备保障能力建设的新发展,既是武器装备高技术化发展的产物,也符合精兵建设的发展方向。通过将本应由建制保障力量来完成的保障任务外包给承包商,既可以有效弥补军队自身力量和能力的不足,还能够降低军队的装备维修保障费用,提高维修保障效率和效益。装备保障业务外包已成为当前世界主要军事国家装备保障能力建设的新增长点。

我国武器装备目前已步入发展的快车道。武器装备的快速发展在给我军战斗力带来极大提升的同时,也致使我军装备保障能力建设出现了很大的"缺口"。推进装备保障业务外包,既是新形势下加强我军装备保障能力建设的现实需要,更是促进我军武器装备健康发展的有力保障。

装备保障业务外包是一把"双刃剑",其在提升军队装备保障能力的同时,也使军队的装备保障建设面临诸多风险。外军尤其是美军已经充分认识到这一点,并为此建立了较为完善的风险管理体系,采取了卓有成效的风险防控措施。

研究外军装备保障业务外包及风险管理的经验,对指导我军装备保障业务外包工作具有积极的现实意义。正是着眼我军装备保障建设的现实需求,本部分系统研究了外军装备保障业务外包的实践、面临的困境与风险,有针对性地分析了外军装备保障业务外包的风险管理体系,并着重对外军装备保障业务外包的风险防控措施进行了深度考量,旨在揭示对装备保障业务外包进行风险管理的规律与特点,为我军装备保障业务外包实践提供借鉴和参考。

第一章
装备保障业务外包概述

装备保障业务外包是装备保障能力建设的新模式,其通过优化军地双方的资源配置,可促进装备保障效率和效益的极大提升。正是基于保障业务外包对装备保障建设的地位与作用,其已成为主要军事国家装备保障能力建设的新途径。我国装备保障建设也已步入了发展的新阶段,传统的仅依靠建制力量的装备保障模式已远不能适应装备发展的新需求,实施装备保障业务外包,最大限度地利用社会优势技术力量与资源,日益成为新形势下我军加强装备保障能力建设的现实需求。

第一节 基本概念界定

装备保障业务外包是外包理论与思想在装备保障领域的实践和运用,其不仅丰富了装备保障建设的理论,同时也扩展了装备保障建设的内涵。相应地,出现了一些新的概念。为准确把握这些概念的区别与联系,首先需要厘清这些概念的基本内涵。

一、外包

"外包"(Outsourcing,也译为资源外包、资源外置),英文一词的直译是"外部资源",是指单位或企业为了整合利用其外部最优秀的专业化资源,专注自己的核心业务能力,把非核心业务承包给外部专业、高效的承包商,从而达到降低成本、提高效率、充分发挥自身核心竞争力和增强对环境的迅速应变能力的一种管理模式。通俗地说,"外包"就是把不属于自己核心竞争力的业务承包出去,把自己做不了、做不好或别人做得更好的事交给专业机构,即外包商来承担。外包是工业经济时代已经形成的社会分工和协作组织在当今网络和知识经济条件下的发展与演化。

二、军事外包

随着外包实践的不断发展,外包逐渐渗入军事领域。军事外包是军队在保留其核心能力的前提下,充分利用社会和市场的资源完成部分军事行动、军事保障等任务,以降低成本、提高军事效益的运作模式。20世纪90年代以来,随着武器装备系统越来越复杂,装备保障成本不断提升,加之各国国防预算逐步缩减,充分利用商业市场资源的成本和技术优势进行军事外包,已经成为军队建设的重要模式,并在遂行军事任务中发挥着越来越重要的作用。

根据目前国外军事外包发展的状况,军事外包活动主要包括三大类:①军事行动的外包,也就是将军事行动的部分任务交给公司,在战场上直接使用外包的公司。到了20世纪90年代后,军事行动外包多见于在一些冲突不断的非洲地区,由私人军事公司提供相关的安全保障服务以及部分的军事行动任务。②军事咨询外包,即随着军事决策的科学化,更多的军事规划和军事行动需要求助于专业的咨询公司,这些军事咨询公司(如兰德公司、各种智库等)可以对军队建设的规划、军事行动的战略计划与战术部署等内容提出相关的建议和指导,提高军队建设和军事行动的质量和效益。③军事保障业务外包,这是当前最常见的外包形式,如美军推行的绩效后勤改革模式。国外军队通过借鉴商业外包的成功经验,将制造、维修、保养、训练等装备保障以及医疗、生活、运输、仓储等后勤保障业务外包出去,极大降低了保障成本,提高了保障效益。

三、装备保障业务外包

装备保障业务外包是军事外包的一种,其是指军队通过"委托—代理"的方式,把装备保障的非核心业务转移给其他企业或组织完成,以充分利用社会技术力量与资源,降低装备保障成本,提高装备保障效率,从而提升军队战斗力的一种管理模式。也就是说,通过装备保障业务外包,军队只需要完成装备保障过程中与装备战斗力生成直接相关的核心业务,任何可以由地方企业完成的非核心保障业务,都可交由地方企业来完成。

随着全球经济一体化和市场经济的飞速发展,装备保障已成为具有装备保障能力的所有社会成员的共同任务。信息化条件下军队作战行动和装备保障的科技含量越来越高,单靠军队自身的力量已难以胜任全部装备保障任务。装备保障业务外包则是信息化条件下装备保障能力建设的新发展,其通过充分利用社会技术力量与资源,可有效弥补军队自身能力的不足。美军就是通过装备保障业务外包,较好地解决了"平时养兵少"与"战时用兵多"之间的矛盾。

四、合同商保障

合同商保障是武器装备向高技术化发展的客观要求,是装备保障能力建设的新发展,其是通过将本应由建制保障力量来完成的装备保障任务外包给民间的合同商,来弥补自身力量和能力不足的有效做法。

合同商保障是军队作战能力的"倍增器",其既可以提高军队的军事能力,又能扩大军队对补给品和维修服务的选择余地,同时能提供一些军队自身所不具备的能力。正是基于合同商保障具有有效弥补建制保障力量不足的优势,无论在平时还是在战时,外军都把大量缺乏保障条件、技术复杂,同时又适于地方企业来完成的保障工作,采取承包、委托等形式,运用经济和法律手段,交由合同商完成。合同商已成为促进军队现代化建设的一支重要力量,合同商保障也成为各国加强装备保障能力建设的重要抓手。

五、装备保障业务外包与装备保障社会化

装备保障业务外包和装备保障社会化既有一定的共同之处,又有一定的区别。其共同之处主要在于:二者的根本目的都是提高装备的战斗力水平;基本思想都是充分利用民用资源为装备保障服务;基本出发点都是提高装备保障效益。

但是,装备保障业务外包并不等同于装备保障社会化,二者有着明显的区别:装备保障社会化是针对计划经济体制下"军队办社会"的不合理现实而提出的。在计划经济体制下,军队的装备保障实行的是"大而全""小而全"的模式,许多本来应该由地方来完成的工作全部被军队接管了过来。在这种模式下,资源配置效率低下,因此必须实行装备保障社会化,将本应由地方完成的工作还原出来,交给地方部门来完成。而装备保障业务外包则不同,它将整个装备保障过程看作一个由诸多环节构成的连续过程,只要这些环节不属于装备保障的

核心业务,都应该外包给承包商来完成,这其中就包括了实行装备保障社会化的那部分环节。因此,从某种意义上讲,装备保障业务外包的内容比装备保障社会化的内容要广泛得多,装备保障社会化是装备保障业务外包的子集。

第二节 装备保障业务外包的现实意义

随着新军事变革进程的深度推进,为提高本国的军事能力,各国在加强武器装备现代化建设的同时,也在努力探索和寻求一条装备保障能力建设的新途径。装备保障业务外包是装备保障能力拓展和扩张的新模式,其通过将本应由建制保障力量来完成的保障任务外包给承包商,既可以有效弥补自身力量和能力的不足,还能够降低军队的装备维修保障费用,提高维修保障效率和效益。装备保障业务外包,既是武器装备高技术化发展的必然产物,也符合精兵建设的发展方向。装备保障业务外包是装备保障能力建设的新发展,其已成为各国装备保障能力建设的新增长点。

一、业务外包已成为武器装备保障能力建设的重要途径

随着新一轮军事变革的稳步推进,当今世界各国为在新军事变革中赢得发展先机,争取发展的主动权,纷纷加大了对武器装备的建设发展力度。武器装备的迅猛发展,拉动了大量高新技术在军事领域的广泛应用,并导致了武器装备日益朝着复杂化、系统化、集成化方向发展。武器装备复杂程度的大幅提高,无疑对装备维修保障能力建设提出了新的更高要求。

武器装备建设发展的新形势使得单纯依靠军队自身维修保障力量已难以满足装备维修保障的现实需求,而实施装备保障业务外包,利用民间力量作为补充,提升军队装备维修保障能力越发成为各国装备保障能力建设的迫切需要。一方面,各国都在走精兵之路,军队规模在不断缩小,因而不可能也没必要将所有的职能与任务都承揽下来。另一方面,利用民间力量不仅可以获取技术优势,而且还具有较高的效费比。正是基于这一点,各主要军事国家竞相采取利用民间力量来弥补建制力量不足的做法。美军提出的"利用外部人力资源"与"私有化"都是实施非战斗勤务保障的重要措施,并为此制定了详细的"利用民力加强军队后勤"的计划。西欧一些国家也非常重视市场对军队保障工作的

作用,把民间力量视为军队的"第二条腿"。从目前外军发展的实践来看,利用民力的范围,已从传统意义上的生活、物资采购、仓库管理、装备和设施维修以及运输等勤务保障方面,扩展到了利用地方科研和生产能力发展军队现代装备、加大民间设施的利用能力等多个方面。当前,外包商在各国装备维修保障能力建设中扮演着越来越重要的角色,发挥着越来越重要的作用,外包商已经成为各国加强装备保障能力建设的一支重要力量,装备保障业务外包也已成为当今各国加强装备保障能力建设的重要途径。

二、业务外包也是我军加强装备保障能力建设的现实需求

着眼打赢未来高技术条件下的局部战争,我军武器装备现代化建设进程日益加快,尤其是近些年,我军已有大批量高新技术武器装备陆续列装部队。相应地,我军装备保障面临的形势和任务日趋严峻:①我军武器装备品种多、新老并存的现状,导致了装备维修保障难度的加大。②装备保障人员规模的持续减少,致使仅靠部队自身的保障力量已难以完成装备保障任务。装备维修保障是部队战斗力生成、再生、提高的基础与前提,对部队战斗力提升具有不可替代的支撑作用。加强装备维修保障能力建设是确保高技术装备发挥应有作战效能、生成和提升作战能力的基础,应成为促进我军作战能力建设的重要抓手。而当前部队建制保障力量难以满足保障需求则成了制约我军装备保障能力建设的一大瓶颈。

我国目前为装备维修保障社会化提供了良好的物质条件和组织保证。充分挖掘和拓展民间维修保障资源的潜力,推进装备保障业务外包,不仅可以有效缓解部队维修保障力量的不足,提升部队的装备维修保障能力,而且也为民间企业带来了新的发展机遇,提供了新的经济增长点。推进装备保障业务外包,无论是对军队还是对企业而言,都是"互利双赢"的好事。为此,立足于我军装备建设发展的新形势,着眼我军装备维修保障需求,打破我军自成体系、自我封闭的装备维修保障模式,大力推进装备保障业务外包,通过允分利用社会保障力量,借助民间的技术优势,构建以军为主、军民结合,军队建制保障力量与民间保障力量相互补充、协调利用的新机制,不仅是提高装备保障效益的现实需要,而且也是破解装备保障能力建设瓶颈、确保我军武器装备健康发展的客观要求。

第二章
外军装备保障业务外包实践与发展

外军所推行的装备保障业务外包就是装备保障能力建设模式的创新,其通过将社会技术力量纳入装备保障领域,彻底改变了传统的仅依靠建制力量对装备进行保障的模式,是装备保障建设的新发展。从外军装备保障建设的实践来看,尽管各国实行装备保障业务外包的国情、动机不尽相同,但无不把保障业务外包作为提升装备保障能力的有效途径。近些年,在推行装备保障业务外包方面,外军确实有一些好的做法。全面系统分析外军在装备保障业务外包方面的有益做法,对于学习和借鉴外军经验、促进我军装备保障模式创新具有积极的现实意义。

第一节 外军实施装备保障业务外包的动因

实施装备保障业务外包是军队对自有保障能力的一种扩充,是提高装备保障和服务能力的重要源泉,也是军队装备保障体制变革的重要方面。目前,在重大的后勤和技术保障项目中,美军大量的物资供应、技术保障、装备维修、基地和设备维持任务都是通过外包来完成的。从总体上看,外军推进装备保障业务外包的动因主要包括以下几个方面。

(1)出于装备维修保障技术方面的考虑。随着现代高新技术在军事领域中的广泛应用,武器系统日趋复杂,装备维修保障的技术难度越来越大,在这种情况下,仅靠建制力量已难以满足装备维修保障的需求。而将负责武器装备研制和生产的厂商纳入装备维修保障力量中来,通过借助研制生产厂商对武器装备系统结构和性能非常了解的优势,帮助军队解决装备保养和维修等环节中的诸多技术难题,不仅可有效满足日益增长的装备维修保障需求,而且还可极大提高装备的维修保障效率。特别是对于一些科技含量高、保养和维修难度大的武器装备,装备研制生产厂商的介入更会起到事半功倍的效果。正是基于这样的考虑,为有效应对日益增长的维修保障需求,提高维修保障能力,各国军队纷纷把自身不具有优势或不具备能力的维修保障任务外包给了装备研制生产厂商。相应地,实施装备保障业务外包逐渐成为各国军队加强装备保障能力建设的有力举措。

（2）出于装备保障时效性方面的考虑。高新技术特别是信息化技术在现代武器装备中的运用使得现代战争的节奏加快,争取时间就是争取赢得战争的机会。由于武器装备研制生产厂商熟悉武器系统的结构、性能和技术特点,其能帮助军队更快地找出解决问题的方案,从而可在尽可能短的时间内满足军队的装备维修保障需求。同时,现代战争是诸军兵种的联合作战,参战兵力兵器多,补给品种繁杂,各类物资消耗量巨大,战争对物资表现出了前所未有的依赖性。在这种情况下,仅靠军队后勤力量难以及时有效地将各类保障物资运送到作战部队用户的手中,而采取外包方式,通过承包商将各类保障物资直接送达用户,不仅可以简化保障程序,还可以缩短交货时间。可以说,现代战争对装备保障的时效性要求也为装备保障业务外包提供了合理的依据。

（3）出于装备维修保障经济方面的考虑。在军队编制、装备保障经费都非常有限的情况下,"如何用最少的钱最大限度地满足作战保障需求"日益成为各国军队面临的突出问题。鉴于此,利用外部人力资源,包括私人公司的保障力量,为军队节省大量人力物力,已然成为各国提高装备保障效率和效益的有效途径。伊拉克战争中,美军就曾组织了本国装备承包商开赴作战一线,与军队保障人员一起,对高技术装备提供维修和物资供应等保障服务,不仅提高了装备保障的效率,而且还为此节约了大量的经费和战备物资。目前,承包商已成为美军装备保障的重要依托。可以说,哪里有美军,哪里就有承包商的身影。离开承包商的援助和支持,美军几乎到了寸步难行的境地。

随着武器系统的日趋复杂及各国军队现代化建设进程的逐步推进,装备保障业务外包将会越发得到各国军队的重视,外包商也将会成为各国军队装备保障建设中一支不可或缺的力量。

第二节　外军装备保障业务外包实践

装备保障业务外包是外军加强装备保障能力建设的有效途径,近年来,随着武器装备的迅猛发展,外军为提高装备的维修保障能力,着力加大了装备保障业务外包的力度,并出现了一些被证明行之有效的做法。

一、美军的装备保障业务外包

美军实施装备保障业务外包的动机可以追溯到20世纪80年代早期。在1980年,美国总统里根就曾指出,"规模庞大的政府是无效率的、浪费的以及无法管理的"。但当时的美国正处于与苏联展开全方位军备竞赛的阶段,还不可能真正实行军事装备保障业务外包政策。20世纪90年代初,美国所面临的国内、国际环境发生了一系列重大变化:苏联的解体标志着冷战的结束;美国国内的经济问题日益凸显;以信息化为主要特征的新军事变革席卷全球。在新的国内、国际环境下,美国政府很快意识到,要适应这一系列变化,必须适当缩减军队规模,提高国防经费的使用效益。美军的装备保障业务外包活动正是在这一时代背景下而展开并逐步发展起来的。

1992年,当时的美国国防部部长切尼决定出资390万美元聘请工程建筑集团(the Engineering and Construction Group)就部分军事事务私营化的问题进行专题研究。该公司提交的报告中建议,可以把大约2万名美国士兵的后勤服务交给私营公司来完成,这样可以大大减少军费负担。在装备保障业务外包政策的指引下,美军把大量的非核心装备保障任务外包给了地方企业来完成,自己则集中精力于作战领域。美国国防部在一项研究报告中称:只有那些非由国防部做不可的事情才有必要留下,任何可以由地方企业完成的工作,都不是美国军队的核心任务。为有效推进装备保障业务外包工作,美军同时建立了实施装备保障业务外包的专门机构。1993年,为发展军民两用技术,美军专门成立了"高级研究计划局";1995年,克林顿总统又下令成立安全计划局,其主要职责之一,就是定期向美国国家安全委员会提出国家高技术产业民转军的相关建议;1998年,美国军事工程师协会设立了外部资源与私营化分会,专门就利用外部资源与私营企业进行联系;1999年,美国陆军器材司令部成立了"后勤民力增强计划"支援部,该部参与美军各种演习、作战和应急行动,负责陆军和外包商之间的联络,并对外包商提供的保障行动进行监督。

美军大规模推进装备保障业务外包是从1994年开始的。在外包实践中,美军1998年开始致力于推行"基于性能的保障"改革,也就是装备保障业务外包,其是将装备保障作为一个整体的、经济可承受的绩效包来购买,以便优化武器装备的战备完好率,并通过与工业界建立长期的合作关系、明晰的权责以及适当的激励来实现武器系统的保障目标。David Berkowitz(2004)认为,在保障业务外包的模式下,军队将把重心从采购交易转向保障绩效的产出以及合理分配职责上,而合同商则主要关注保障过程,如预测需求、库存、计划维修等。Mahadevia,Devi(2006)认为,保障业务外包能够统筹军民两种保障资源,以得到最优的配置和最优的产出。2004年11月,美国国防部正式将基于性能的保障确定为国防部首选的装备保障政策。"基于性能的保障[①]",不仅极大地提高了武器装备的战备完好性,而且降低了装备保障的成本,并且在几次的局部战争中显示出了卓越的成效[②]。

公私合作也是美军推进装备保障业务外包的重要形式。这种形式多发生在基地级维修中,其主要是指建制基地和私营企业通过签订合同或协议的方式就基地级维修及其他一些业务所进行的合作。美军基地级维修的公私合作始于20世纪的90年代初,在合作项目不断实施的过程中,不仅形成了多种合作形式,而且合作的力度也在不断加大。目前来看,美军基地级维修的公私合作主

---

①基于性能的保障是一种全新的保障结构和策略。就结构上而言,这种方式为武器系统从摇篮到坟墓确定了一个单一的责任者,即由通过合同确定的保障单位,对武器系统实施全寿命周期管理。就策略上来讲,这种方式通过把装备保障业务作为一个完整的业务包外包出去,取代了传统的那种将保障业务分割为不同的块,交付给多家单位去完成的方式。基于性能的保障赋予了外包商在保障领域更多的责任和义务,也给外包商在装备保障中扮演更重要的角色提供了舞台,是装备保障应用地方资源方式的实质性转变。目前,该外包模式已成为美国国防部首选的采办和保障解决方案,美军的各个军种也都在积极地推进与实施。

②伊拉克战争中,美国军方与装备保障业务外包承包商签订了各种承包合同,要求他们为一些技术含量高、维修保养较困难的军事装备提供必要的技术保障服务。例如,"掠夺者"无人驾驶飞机70%的维护保养工作都是由外包承包商承担的;由外包承包商组成的"阿帕奇系统"保障队也为"阿帕奇"系列直升机精确快速的保养和维修提供了全方位的服务。华盛顿布鲁金斯研究所的研究员辛格在其著作《企业战士》一书中写道:"我估计,这次伊拉克战争期间,美国几百家国防承包商最起码派遣了20000名企业员工到战争第一线,美军士兵与技术民工的比例约为十比一"。

要包括三种形式①：①建制基地与私营企业共同完成装备维修项目。在这种外包模式下，由建制基地、私营企业及其他相关单位共同组成项目团队，各方之间通过相互签订谅解备忘录来保证合作中的协调行动。①私营企业利用建制基地的资源来完成装备维修项目。在这种外包模式下，由私营企业承担军方的装备维修项目，但要通过合同的方式租用建制基地的资源（包括必要时利用建制基地的人力资源）。③建制基地利用私营企业的业务能力来完成自己的装备维修任务。在公私合作模式下，军方装备维修项目的花费更加低廉，极大提高了装备保障效益。同时，通过合作，也提高了建制基地设施的利用率，保持了人员的业务熟练水平，增强了建制基地的任务完成能力和快速响应能力。

由于实行了军事外包政策，美军规模不断削减，美军现役陆军总数在过去10年间下降了近1/3，美国海军和空军也相应减员，大量非核心部门、非战斗人员被裁撤。随着包括装备保障业务外包在内的各类军事外包业务的逐步展开，美军装备保障业务外包业务已逐渐扩展到技术保障等核心技能领域，相应地，与美军活动联系在一起的民间产业队伍在军事需求的拉动下也正在日益壮大。当前，美国军事外包行业已发展成为一个巨大产业，外包商的数量约为1000家，年产值高达1000亿美元。实践证明，美军装备保障向外包商的转移，有利于保持一支精干的军队，较好地解决了"平时少养兵"与"战时用兵多"的矛盾。

近年来，随着装备保障业务外包效益的日益显现，美军对利用民用力量的理论认识也在不断深化。美军认为，在现代战争中，对于军队后勤保障而言，承包商不再是可有可无的，而是必要的组成部分。但是，减少花费并不是利用民用力量的主要原因，提高效能才是关键。除少量军事性极强的核心后勤职能外，或者是因敌情威胁而不宜使用承包商的情况外，几乎所有后勤业务都可通过事先或紧急签订合同的方式交给民间公司承担。不仅如此，美军还把目光转移到国际上的力量和资源上。美军在《联合后勤战略计划2010—2014》中指出，今天的后勤行动存在于一个极其复杂多变和具有全球性的配送环境中，越来越依赖于运用联合部队与多国和跨机构的联系。因此，必须在更大范围内整合后勤能力。未来后勤环境中的成功，将来自于把国防部组织、工业基地、非政府机构和美国的跨机构、多国合作伙伴整合成一个单一聚焦的大后勤

---

① 总装备部科技信息研究中心. 美军装备保障转型研究[R]. 2007.

体系的努力。美军认为,要更好地发挥国际后勤的作用,就必须摒弃"靠自己单干"的思维,积极借助国家综合实力影响,充分运用"比较优势"理念让伙伴国分担后勤任务。

二、英军的装备保障业务外包

英国在装备保障业务外包实践方面的起步要早于美国。1983年,为了提高军队建设效率,节约国防经费,当时的英国国防部就制定了一项不同于以往的新的竞争性采办政策,即首次把竞争机制引入装备保障领域。该政策的基本出发点就在于,如果某些装备保障业务对于军队核心战斗力的生成没有直接的贡献,或者在军队内部开展这些活动会降低国防经费的使用效率,那么这些装备保障功能就应该由私营企业来完成。英国国防部认为,让私营企业完成这些非核心的装备保障业务,能够节省军费,提高效率,并且不会损害军队自身的战斗能力。后来,该政策逐步得到完善,最终演变成为英国国防部军事外包政策的一部分。

1991年,英国国防部在一份报告中指出,"在诸如炊事、清洁、洗衣、安全保卫、维护、工程和供应品、一定范围的作业和保障、训练和教学、军校的教学保障功能、目标模拟,以及电子战训练等领域使用承包商和市场化实验(Market Testing)"。在此基础上,1992年,英国国防部又实施了一项内容更加广泛的市场化实验政策,该项政策旨在积极鼓励军队内部部门与合同承包商之间展开竞争,以便通过这种方式来降低军队的运营成本,提高国防经费的使用效率。这就是英国国防部所推行的质量竞争(Competing for Quality)计划,该计划把部分军事业务交由私营企业来完成,并通过市场化实验来实现竞争,提高效率。这里的市场化实验包括了私有化、战略外包以及允许军事合同承包商与国防部的内部供应商间竞标等内容。

到1995年,英国国防部强调其"……正在演进的质量竞争计划将促进并加强国防部与私营企业之间的一种有价值的思想和经验方面的伙伴关系,这反过来又会有助于提高前线保障的质量和效率"。需要指出的是,该报告特别强调了国防部与私营企业之间的"伙伴关系"。这种提法与英国政府的两项新计划的出发点相一致,这两项计划就是英国政府提出的"私人财政动机"(Private Finance Initiative,PFI)计划和"公私伙伴关系"(Public Private Partnerships,PPP)计划①,它们的目标是使得"公共部门更好地利用私营企业在财务和管理技能方面的优势"。

充分利用社会资源参与军队保障,已经成为英军高层的共识。近年来,广泛借助民间力量,充分利用地方公司的人力、技术、设备等资源,为军队提供保障的规模越来越大、形式越来越多。注重利用地方的科技资源、大量引进和招用先进的科技人才、技术和设备,已成为英军利用民间力量、资源方面的新趋势。英军在伊拉克战争中除了动用军队的技术力量参战外,还动员了大量的各种专业技术预备役人员和技术设备投入战场。

三、德军的装备保障业务外包

德军的目标是将全部维修任务交由民间承担。

德军采取国防军与制造厂商相结合的装备维修措施。在制造厂商的选择上,德军规定,制造厂商应具备的条件:在世界范围使用的包括军事设施在内的服务网络;确保世界范围较高的备件供给性;掌握最新技术,具有有效的修理措施;拥有综合的专用设备和专业人员;熟悉当前的装备状况等。

联邦国防军与制造厂商的合作状况在波斯尼亚战斗中已被证明是行之有效的。在战斗中,厂家可对核心部队的军事修理实施多方面的支援。其中包括:培训相关军事人员;出租专用设备;实施机动修理和轮胎维护工作;热线服务(通过电话、电视传真进行的技术服务工作);按照订购的零备件实施送货服务;故障处理,制造厂商根据故障报告对故障装备予以修理,即送工厂修理并将修理好的车辆交付国防军驻地;提供24h应急勤务服务,专业修理厂营业时间一般至少达到22h。

四、法军的装备保障业务外包

随着以高新技术为核心的新型装备批量配发部队,法军装备体系结构正在

---

① 英国全国审计办公室(NAO,National Audit Office)将私人财政动机计划定义为,建立在使用私营企业专业技术基础之上的政府谈判项目,这些专业技术包括提供资金,以及提供传统意义上由公共部门提供的服务。英国政府于1992年实行了私人财政动机计划,同时,1997年政府以公私伙伴关系计划的名义再次实行了私人财政动机计划。通过这两项计划,英国的私人资本和私营企业首次进入了先前属于公共机构的交通运输部门。英国在包括装备保障业务外包的军事外包领域所开展的活动与这两项计划之间有着密不可分的联系,是典型的制度层面的"军民结合"。

发生较大变化。新型装备技术先进、结构复杂、价格昂贵,一方面装备保障要求越来越高,部队形成保障能力周期越来越长、经费投入越来越大,另一方面装备损坏机理和保障特点发生了较大变化,部分保障任务已经超出了现役和预备役装备维修保障力量的能力范围。针对这一情况,法军近年来在三级技术维修和部分二级技术维修中加强了军地合作,积极推行装备保障业务外包。通过装备保障业务外包,法军不仅增强了维修保障的技术力量和保障能力,还优化了军方的资源配置,有效降低了装备维护保障费用。法军武器装备总署在2002年1月的一份文件中估算,相对于传统的建制维修保障,采用装备保障业务外包方式,可节约保障经费的11%[①]。

近年来,法军不断加大装备保障业务外包的应用力度,外包项目越来越多,合同经费数额不断增大,合同有效期也不断延长。据统计,法军共有约4万人参与维修保障工作,其中地方人员就有1万多人,占到总人数的27%左右,在装备保障业务外包方面支出的费用也已占到了法国国防部装备维修保障总经费的50%左右。

五、日本自卫队的装备保障业务外包

作为第二次世界大战的战败国,日本军事力量的发展受到种种限制,加之现代战争又是高技术战争,作战物资消耗巨大,武器装备损坏严重,通常的维修保障能力显然不能满足作战需求。为此,日本特别强调通过装备保障业务外包,即最大限度地利用军外维修力量来增强其保障能力。建立军地结合的保障体制,最大限度地利用军外维修力量,已成为日本自卫队加强装备保障能力建设的基本政策取向。日本自卫队推进装备保障业务外包的主要做法有:

(1)提出了新的维修理论。日本自卫队认为,新装备获取期(从开始装备到停产)的后方维修,应该最大限度地利用该装备生产厂家的技术力量和设备,以军外维修为主;装备维修期(从停产到淘汰)的后方维修,应由军内引进厂家的维修技术及设备,以补给维修为主。这样做既可以科学地利用地方企业的维修力量,又可以避免军内设施的重复建设,从而能大大节省人力、财力和物力。

(2)改革维修内容和拓宽社会维修范围。为弥补建制保障力量的不足,日本自卫队加大了利用民力的力度,并为此进行了一系列改革。改革了自卫队的

[①] 总装备部科技信息研究中心. 法军武器装备维修保障研究[R]. 2009.

驻地勤务。从整体防卫效益出发，日本自卫队提出，在撤销现驻地40%的同时，将保留的驻地勤务全部委托给地方管理。设置了民办"防卫公司"，以取代现行军内供应机构的业务。作为装备维修改革的一项试验，从1989年起，日本海上、空中自卫队就将T-3型、T-5型、T-33、KM-5型和TC-90型教练机的基地维修业务委托给了富士航空维修公司。这一改革取得成功后，又于1993年开始将US-1A型水陆两用救生机和US-36型高级教练机的维修业务委托给了新明和工业公司，并不断开展军外维修的内容。

（3）增设维修机构，提高维修效率。在装备保障业务外包的发展理念下，目前，日本已初步形成了以装备研制生产企业为中心，以业务外包为途径，谁生产谁维修的装备保障体系。过去，军外维修多半是在原装备生产厂进行，随着部队数量的增多，从1989开始，三菱重工业公司、三菱电气公司、小松制作所等厂家在北海道的地区先后设立了维修机构：三菱千岁车辆修理厂、三菱电气办事处和小松特机公司，分别负责修理本厂的装备产品。地区性地方企业维修网点的问世，使日本自卫队的装备维修保障业务外包工作又向前迈进了一大步。

第三节　外军装备保障业务外包面临的困境与风险

外包毕竟是一种市场行为，在外包过程中必然会面临诸多的市场困境。而作为装备保障业务外包，又会因为其军事的特殊性而面临着一些政策和法律上的困境。

一、外军装备保障业务外包面临的困境

外军装备保障业务外包面临的困境主要来自于以下三个方面。

（1）市场方面的困境。商业外包中存在信息不对称、代理风险等诸多不利因素，装备保障业务外包也同样存在。不仅如此，由于装备保障业务外包的具体指标一般很难通过合同进行明确说明，这会给装备保障业务外包带来更大的风险。此外，虽然说外包能够带来更高的效费比，但由于装备保障业务外包过程中某些领域竞争程度的不够，往往导致效益无法提高，加之各种隐含成本的存在，常常还会出现成本过高的困境。

（2）政策和法律方面的困境。装备保障业务外包将政府行为转变为公司

行为,可以有效规避议会、公众的监督和阻拦,因此使用私有军事公司进行国外军事行动已经成为西方政府最行之有效的外交政策,但这种不透明的操作在一定程度上侵蚀了国家的民主制度。此外,从法律上看,从事军事行动的公司职员,既不能看作平民(因从事军事行动),也不是正式的军人,无论是在国际和国内都还没有明确合法的地位,无法享受战俘的豁免权,还面临种种罪行的指控。

(3)使用和掌控方面的困境。对于从事装备保障的外包商,由于其自身不具备防卫能力,因此其工作过程需要安全的区域并得到安全的保护。但由于现代战争已很难界定安全地带,这势必给装备保障业务外包带来一定的困难。同时,由于外包公司多是利益驱动型的,并不具备军队所特有的执行任务的忠诚度和专注力,这将导致外包公司的行为很难掌控,对军事行动来说,这意味着存在非常大的风险。

二、装备保障业务外包的风险

虽然装备保障业务外包在各国装备保障建设中的地位和作用越来越重要,但基于装备保障业务外包所面临的困境,如不能审慎地使用和管理保障业务外包,将不可避免地引发诸多新问题。就伊拉克战场来说,由于"部队对外包商指挥与控制能力薄弱;战场需求的变化导致外包商保障效率低下;人员流动过快导致外包商保障能力匮乏;过度使用外包商削弱了部队人员岗位训练机会"等诸多方面的原因[1],就严重削弱了外包商向部队提供保障的及时性与敏捷性。总体上看,装备保障业务外包潜藏着以下四个方面的风险[2]。

(1)成本上升的风险。装备保障业务外包的优势之一就在于由外包商的规模经济和专业化优势所带来的成本节约,但装备保障业务外包不能只考虑由外包商提供服务所需的服务成本,更应综合考虑装备保障业务外包中所存在的各种隐含成本。许多外包活动失败的重要原因之一就是低估了外包的隐含成本。一个英国公司的外包管理者曾经谈到,他们从来没有预料到外包需要花费如此多的管理资源、时间和成本。隐含成本贯穿于装备保障业务外包的全过程,它是导致装备保障业务外包成本增加的主要原因。

---

[1] 总装备部科技信息研究中心. 美陆军战场合同商保障存在的问题. 装备维修保障动态.2009(34).

[2] 总装军械技术研究所. 高技术装备合同商保障风险管理研究[R]. 2011.

（2）差的服务质量的风险。外包商的技术或能力限制以及其机会主义行为倾向等都有可能导致差的服务质量。一方面,如果外包商的服务能力存在缺陷或组织管理水平下降,就可能导致维修质量下降。另一方面,由于信息的不对称性及监控手段的制约,致使部队不能对外包商服务的全过程进行全面有效的监控和管理,在这种情况下,外包商就有可能利用自身的信息优势,采取机会主义行为,通过降低服务水平来为自己谋取私利。

（3）响应不够及时的风险。维修保障是武器装备战斗力保持和恢复的基础,维修保障的时效性要求外包商必须对装备保障需求具备较强的响应能力。但如果外包商的服务能力存在缺陷或缺乏应有的弹性或与其合作伙伴间协调性差,都可能导致服务时间延迟。外包商响应不及时将会给装备保障带来极大损失。

（4）对外包商过度依赖的风险。装备保障业务外包将导致对外包商的依赖,尤其是如果长期过分依赖外包商的力量将会对部队自身的装备保障力量建设造成极大损害。正是基于这一点,美军规定了由外包商承担的保障工作不能超过总保障额的50%,以维持部队自身的核心保障能力。

正视装备保障业务外包所潜在的各类风险,要切实提高装备保障业务外包效益,就必须对装备保障业务外包进行有效的风险管理,以通过完善的风险管理体系,加强对装备保障业务外包过程的监管,增强装备保障业务外包过程的透明度,稳妥地推进装备保障业务外包进程。

第三章
外军装备保障业务外包风险管理

装备保障业务外包是一把"双刃剑",其在提高装备保障效率和效益的同时,也使装备保障建设面临着诸多风险。美军认为,使用外包商进行保障是必要的,能带来巨大的效益,但是利用外包商进行后勤保障并不是解决所有问题的灵丹妙药。陆军联合兵种保障部在1998年2月9日发表的白皮书中就曾指出:"承包商并不能替代军队后勤力量,只是增强军队的保障力,并为满足保障需求提供额外的选择。他们作为力量增效器与军队实力相结合,但不会取代军队实力"。进一步地,美军认为,风险管理是对外包商进行管理的首要原则,是提高装备保障业务外包效益的有效途径,也是稳妥推进装备保障业务外包进程的有力保障。随着外包战略在各国装备保障建设中的普遍运用,建立相应的风险管理体系已成为各国应对装备保障业务外包风险的根本遵循。在这方面,各国均不同程度地采取了一些行之有效的措施,以防控和降低装备保障业务外包风险,提高装备保障业务外包效益。

第一节 健全相关的法规制度

完备的法规制度既是实施装备保障业务外包的重要依据,也是稳妥推进装备保障业务外包的有力保障。针对装备保障业务外包的现实情况,为有效指导和科学推进装备保障业务外包工作,各国均加大了相关法规制度的建设力度。

美国是法规制度最完备的国家之一。从总体上看,美军可用于指导装备保障业务外包工作的法规制度可以划分为两大类。一类是由联邦政府制定的法律,如《国家动员法》《海商法》《军事交通法》等,这些法律是联邦政府合法化装备保障业务外包的依据。另一类是由美国国防部制定的条令。这些条令为军队实施装备保障业务外包提供了具体的说明和指导,可操作性更强。如野战手册FM100-10-2《战场上的合同商》,颁布于1999年8月,这是陆军为规范在战时如何获得合同商和怎样处理合同保障需求而制定的第一个顶层法规。陆军条令AR715-16《合同商部署指南》于1998年2月颁布,主要针对从美国本土部署到海外参加军事行动的合同商雇员在海外战区部署中所涉及的问题,阐述了可能会影响合同商部署的政策和程序。陆军条令AR715-9《伴随部队的合同商》于1999年10月颁布,主要规定了陆军在战场上获取、使用和管理合同商所应遵循的政策、责任和程序。这是陆军第一个管理战场承包商保障行为的条令。野战手册FM100-21《战场上的合同商》于2000年3月颁布,该手册指出,利用合同商进行装备保障时应以合同的方式加以确定。另外,该手册还阐述了合同商的作用和任务,论述了军队保障和合同商保障的区别,概述了使用合同商保障的政策,归纳了在使用和雇佣合同商保障方面的相关法令和法规,指出了在计划使用合同商保障的过程中所涉及的影响因素以及双方的责任,合同商可能提供的保障功能和类型,以及使用合同商潜在的风险等,这是陆军针对战场合同商保障中的作战方面而制定的第一个顶层的条令性手册。"陆军备件现代化"文件于1997年10月颁布。"陆军备件现代化"文件使陆军武器系统的维修保障有了重大改变,其一改过去武器系统研制出来后就转交给陆军后勤部门进行维修保障的做法,而是要求承包商长期参与,使武器系统不断现代化。另外,美军还制定有《后勤民力增补计划》和联合出版物4-0号《联合作战后勤保障条令》等。通过联邦政府的原则性、指导性的法律和国防部的操作性条令,美军的装备保障业务外包工作基本上实现了合法化、制度化、规范化。

德军认为民力支援是装备保障的"第二条腿",只要维修保障能力不足,就可以考虑将全部的装备维修和维修保障物资、器材筹措供应等任务交给地方完成。德国陆军有关后勤保障的"2000年编制规划",就提出了全部维修保障任务都由民力来承担的思想。此外,德军还制定了确保军队利用军外力量的各种法律,例如,在交通运输方面,规定社会从业者战时有向军队提供装备维修保障补给品的义务。

为有效推进装备保障业务外包工作,日本自卫队也建立了相应的配套制度。日本陆上自卫队的《维修管理规则》专门规定了利用民间力量实施装备维修保障的原则、分类和要求。日本自卫队规定,当装备维修量超过军内拥有的设施、维修工具的能力及维修人员的技术力量时,可将其送指定的地方工厂实施军外维修。日本的《野战条例》规定:"后勤(包括装备保障)只有同国土和国民结合成一体,才能有效地进行保障。"因此,谋求与军队有关部门的密切合作,取得国民的积极协助,使国家基础能力得到最大限度的发挥,具有重要意义。在这种情况下,应注意调整军用与民用的关系,确切掌握军外力量使用的可能性和限度,同时,还应正确判读情况变化时可能产生的影响,以便事先采取必要的措施。同时,为了对装备实施科学的军外维护,《维修管理规则》中还规定了武器装备军外维修的分级,并具体规定了维修范围。在物资保障方面,日本自卫队法第103条还规定,自卫队奉命出动实施防卫作战,当物资保障不能满足最低限度要求时,可以征用军外的物资、设施和医疗资源等,以保障其有效实施作战。

第二节　采用灵活的合同治理机制

合同是装备保障业务外包中维持军地双方关系的正式框架,其法律效力对军地双方具有较强的约束力。良好的合同机制不仅是规范军地双方行为的基础,还是防控装备保障业务外包风险的有效手段。关于合同治理,Harris等发现,比丰富合同条款更重要的是合同的灵活性,灵活性比价格重要,是提高满意度的重要保证。为有效防控装备保障业务外包风险,外军采用了灵活的合同治理机制。

美军在签订装备保障业务外包合同时,会根据装备的实际情况和维修需求而选择不同的合同类型。美军装备保障业务外包合同一般分为三类[1]:①单一维修合同。如果装备在使用过程中出现了军方无法解决的问题或需要进行技术复杂的大修,美军就会及时与有能力承担维修任务的外包商签订维修合同。美国海军与诺思罗普·格鲁曼公司签订的"企业"级航空母舰维修合同就属于此类合同。②装备升级、维修一揽子合同。如果装备需要进行现代化改造,军方往往会借此机会同步开展相关的维修工作时会与外包商签订此类合同。美国陆军与BAE系统公司签订的"布雷德利"战车改造与维修合同就属于此类合同。③战区保障合同。此类合同通常由与作战指挥部门有关的合同机构签订,如美

---

[1] 总装军械技术研究所. 高技术装备合同商保障风险管理研究[R]. 2011.

国中央司令部的合同机构等。

为有效防控和降低风险,美军的装备保障业务外包合同还采用了不同的定价模式。对于维修业务,美军一般不采用成本补偿合同,而是多采用固定价格合同,即外包商按照不超过双方商定的最高价格,向军方交付或提供符合要求的产品或服务。这种合同多用于技术要求和费用比较明确的项目,军方对它的管理也相对比较简单。

第三节　完善保障业务外包的管理与执行机构

为加强对装备保障业务外包工作的集中统一管理,促进装备保障业务外包工作的稳步实施,各国均建立了较为完善的业务外包管理与执行机构。

美军在国防部层面,成立了统管全军本土和海外合同工作的"国防合同管理局",各军种的44个合同管理办事处和价值数千亿美元的10万项合同均由"国防合同管理局"统管,海外的合同管理机构由该局的国际分部领导。在军种层面,美军成立了专门管理外包商的组织。如美国陆军器材司令部成立了"后勤民力增强计划"支援部,该部参与美军各种演习、作战行动和应急行动,负责在陆军与外包商之间进行联络,并对外包商的保障行动进行监督。在战区,美军还建立了协助指挥官对战场上外包商进行指挥控制的组织机构。这样的安排不仅能够使指挥官统一监督职能,减少重复工作及战区所需保障人员,而且允许不同的机构在签订合同的权限上与原属单位保持一致。另外,美国军事工程师协会所属的工业事务委员会还设立了外部资源与私营化分会,该分会专门负责就军队利用外部资源和私营化工作与民间的企业进行联系。

日本自卫队设置了以地方力量为主的"防卫补给维修公司""防卫通信设备保养与运用公司""防卫警备公司""防卫教育公司"等机构,以代替现行军内相应机构完成的业务。此外,日本自卫队还设立了一支由5万名退役军人组成的"安全保障合作事业团",该事业团由政府资助,实行独立核算,平时以有偿形式实施部队包括装备维修保障在内的各类保障业务,战时则根据征召命令可直接编入现役从事保障工作。

第四节　注重保障业务外包的风险评估

美军认为,战时装备保障业务外包的风险主要来自于三个方面:①承包商及其雇员所面临的风险;②使用承包商完成保障任务造成的风险;③承包商保障成本过高的风险。2006年9月7日,美军负责人事与战备的副国防部长公布的国防部长1100.22号指令"国防部工作人员交叉分类指南"指出,"在和平时期,承包商保障与军内保障相比,确实更有成本优势,风险也基本相当,但是在战时,情况会发生重要的变化"。因此,该指令要求美军在使用承包商时要从战备、可替代性保障力量、战时保障的延续性、信息安全、保持一定数量的军内力量、战场的作战控制、对后勤摊子的影响等方面对相关的风险进行分析。

美军不仅提出要对外包商保障进行风险管理,而且也十分重视对这些风险进行防范与规避。如在陆军的《战场上的承包商》条例中就指出,"为准确评估承包商对于军事行动的价值,申请使用承包商的单位、指挥官及参谋人员必须进行风险评估,要确定承包商保障活动对于完成任务的影响和对部队的影响(部队是否需要向承包商提供保护、住宿、饮食和其他保障),比较承包商所产生的价值和造成的风险以及承包商保障活动所占用的军事资源等。承包商能从部队获得的保障和部队提供此类保障的条件必须要在合同中明确规定。风险评估还必须考虑在敌对态势升级的情况下承包商保障效率降低的可能性"。

为尽可能避免风险,美军从多方面、多角度对战时装备保障业务外包风险进行深入细致的评估。美军多份正式文件指出,"决定在战场上使用承包商之前,需要对这一决定给承包商、其员工和作战行动本身带来的风险进行评估",并认为,风险评估应当考虑以下四个方面:①影响承包商保障反应速度的因素。②承包商保障的平战转换能力。③承包商的持续保障能力。④承包商的组织能力。

第五节　采取有效的风险防控措施

为有效推进装备保障业务外包,提高装备保障业务外包效益,外军还采取了一系列行之有效的风险防控措施。

一、重视和加强与外包商建立紧密、互利、共赢的长期合作伙伴关系

建立军地间良好的战略合作伙伴关系,确保军方与外包商之间能够及时沟通、信息共享、相互信赖,是成功推进装备保障业务外包工作的关键。为此,各国军队都非常重视建立与外包商间的伙伴关系。

在宏观层面,美军非常重视和加强与外包商建立紧密的伙伴关系。美军实施装备保障业务外包时,并不仅仅只是购买外包商的服务,建立互惠共赢的长期合作伙伴关系也是美军关注的重要内容。合作伙伴模式是一种有效的管理模式,是以伙伴关系理念为基础,各参与方在相互信任、资源共享、风险共担的基础上,签订伙伴关系协议,组建兼顾各方利益、有共同的目标、有完善的协调沟通机制的工作团队的一种管理模式。

美军在实践中认识到,与外包商建立长期合作伙伴关系,对提高保障效率和军队战斗力至关重要。合作伙伴关系,不仅有利于双方的顺畅沟通,降低费用、减少合同执行期间的不确定性,而且更有利于提高履行合同的能力和装备保障的稳定性和连续性,从而实现保障资源的最优配置。同时,长期的合作伙伴关系,还能鼓励外包商投资那些有利于提高保障质量的专门设施。由于在降低工程费用、减少合同争议、提高工程质量以及改善合同双方关系等方面所表现出来的优势,合作伙伴模式得到了广泛的应用。早在20世纪90年代初,美国军方就在工程采购项目中开始应用合作伙伴模式,其要求项目参与的各方在信任和理解的基础上建立合作性的管理小组。这个小组着眼于协调各方的利益,并通过严格的程序来确保项目目标的实现。在建立长期合作伙伴关系上,美军还十分重视采纳外包商有关产品设计、程序整合、产品交付改进等方面的建议,允许外包商获取任何改革所带来的收益,以激励外包商不断提高服务质量。

英军也十分注重与承包商建立伙伴关系。1995年,英国国防部报告就专门强调了国防部与私营企业之间的"伙伴关系"。这种提法与英国政府提出的"私人财政动机"计划和"公私伙伴关系"计划[①]的出发点基本一致,其目标都在于充

---

① 英国全国审计办公室(National Audit Office,NAO)将私人财政动机计划定义为,建立在使用私营企业专业技术基础之上的政府谈判项目,这些专业技术包括提供资金,以及提供传统意义上由公共部门提供的服务。英国政府于1992年实行了私人财政动机计划,同时,1997年政府以公私伙伴关系计划的名义再次实行了私人财政动机计划。通过这两项计划,英国的私人资本和私营企业首次进入了先前属于公共机构的交通运输部门。英国在包括装备保障业务外包的军事外包领域所开展的活动与这两项计划之间有着密不可分的联系,是典型的制度层面的"军民结合"。

分利用私营企业在资源和技能方面的优势。

新加坡军队把与外包商建立伙伴关系称为"寻找战略资源"。为与外包商建立和维护长期的伙伴关系,新加坡军队主要采取了以下措施[①]:①与外包商签订长期合同,其好处是不但可以免除频繁更新合同而多付的费用,而且还能长期把重点放在能力建设和维持以及效益提高上;②对外包商提出明确的绩效要求,这样可以把外包商的注意力集中到那些对军方真正重要的领域;③奖励外包商改进工作效益;④经常了解外包商的经济能力,及时修订原来要求,共同促进整体优化,并进行规划,共同商定保障能力的最佳规模,以及外包商维持这种能力,军方保证使用这种能力;⑤控制成本上升等。

芬兰国防部利用"五大战略伙伴合作公司"组建了MilLog公司,作为唯一战略合作伙伴,不仅将所有基地级维修任务以及备件的采购、储存和发放委托该公司完成,还将部分维修合同的签订权也交给该公司。芬兰陆军认为,建立这种互相信赖、关系密切的战略合作伙伴关系,不仅可提高保障效率,降低保障成本,还能提高装备在作战使用过程中的反应能力和灵活性,并且有助于实现维修领域业务的标准化。芬兰空军还与其主要的基地级维修合同商Patria航空公司建立了装备信息共享机制,该公司拥有访问芬兰空军信息系统的一定权限,可获得装备历史等方面的信息,从而有助于总体把握战斗机群的整体状态,能更好地制定维修计划,开展维修工作。

二、充分利用各种风险防控机制

在中观层面,美军充分利用激励机制、风险预警机制、监督机制、竞争机制和信息共享机制等多种风险防控机制来降低风险。如采用以成本加奖励报酬合同的形式,只在事先商定的范围内补偿外包商超出约定的成本,保证支付一定基本费用,并根据保障效果支付奖金,由此激励外包商提高保障效能;运用监督机制,有效降低军方与外包商间的信息不对称度,以遏制和防控外包商的道德风险等。

三、运用"多手准备"策略

在微观层面,美军则运用"多手准备"的策略。"多手准备"是指外包商如果

[①] 邹小军. 军地一体化装备维修保障模式研究[D]. 国防科技大学,2007:30.

不能按规定完成合同使命,军队必须拥有相应的应急计划和后备力量来继续实施保障行动的情况。为确保这一点,美国国防部于1990年10月颁布了国防部指令3020.37,该指令规定了各部门制定承包商保障计划的程序,要求各部队明确承包商提供的哪些保障对任务的完成非常关键,在关键保障有可能中断的情况下,指挥人员必须制定有效的应急计划,由合适的现役军人、国防部文职人员或东道国人员来接手相关的保障。2002年底,联合参谋部对"联合战略能力计划"的保障附件进行了修订,要求在战时必须制定降低外包商保障风险的计划,详细说明在外包商保障出现问题时如何将任务转交到其他保障单位。此外,联合参谋部指南还要求,战区指挥官在作战计划中,必须明确指出哪些关键的保障工作由外包商提供,并明确写出如何确保这些保障能够持续提供。

"多手准备"策略可上溯到Porter and Millar(1985),他建议使用几个互相竞争的外包商,以保证低成本、高绩效和可接受的服务质量。这种策略的有效性在于,由于每个外包商担心业务被其他外包商夺走,因而会努力提供更高的绩效和质量。"多手准备"策略确保了在外包商不能按合同要求完成使命时,军队还可以利用后备力量继续实施保障行动。在推进装备保障业务外包过程中,运用"多手准备"策略,不仅可以有效避免对外包商形成过度依赖,还会由于潜在的竞争而大大提高装备保障业务的外包效益。

四、注重对外包商的平时演练

为提高外包商的战备水平,美军非常重视对外包商的平时演练。美军指出,"承包商应当成为模拟训练的一部分。有承包商代表参与模拟训练会使后勤指挥官更准确地对其将要面临的环境做好准备。""政府必须计划和演练使用承包商,来履行相应的职能和发挥规定的能力。演练的计划过程和训练的展开必须有主承包商参加,在计划未来的远征军事行动时尤其如此,因为在远征时肯定会有承包商在战场上或战场附近执行任务。"为此,美军平时十分重视对承包商保障的演练,强调"对民间承包商人员以及军队负责相关计划与实施的人员确实需要协同训练"。依据承包商的表现,美国陆军于1985年制定了《利用民力综合计划》,内容包括:审查军事行动对后勤保障的需求,如果部队后勤不能满足全部需求,哪些需求及战斗保障、勤务保障可通过承包商来提供,预先筹划如何利用全球工商企业资源在战时和其他危机发生时,更好地利用民力对军事行动实施后勤保障。战争准备期间,美军依据《利用民力综合计划》与可利用的承包商签订后勤保障合同。确立合同关系后,美国本土的承包商主要在"美国本土补给中心"进行战备训练,海外承包商主要在"战区补给点"进行战备训练。美国本土补给中心的场地设施由军队建立,目的是帮助单兵和伴随部队的地方人员迅速完成进入战场或作战区域前所需的准备。

美国陆军曾多次组织贯彻《利用民力增补军队后勤纲要》的演练。其中重要的演习,如驻欧洲美军司令部的"大西洋决心"演习、"灵敏雄狮"演习,大西洋司令部的"协同努力"演习、"联合军械保障演习",南方司令部的"蓝色推进"演习、"古堡防御"演习,中央司令部的"内部瞭望"演习、"明星"演习、"流沙"演习,太平洋司令部的"英勇突击"演习、"双重突击"演习、"雏鹰"演习等,都吸收了承包商参加。

为使各级司令官和后勤主管人员了解和正确使用承包商,美军还要求把民力利用作为军队的战备训练科目之一,对高层领导和使用承包商单位的领导人员进行培训,把寻求民间资源和签订合同作为军官基础训练课程之一。强调领导者必须懂得承包商的类型、承包商在战场上的作用和配置、指挥与控制、对承包商人员的生活保障和安全要求,熟悉选择承包商的程序,了解承包商保障的优点和局限性,以及一旦承包商不能执行或拒绝执行保障任务时的应急计划等。1999年6月19~23日,美国陆军器材司令部还在宾夕法尼亚州卡林塞尔军营专门进行了名为"后勤民力增补计划"的实兵演习。参演者包括"增补计划"的主要领导者、后勤保障人员、主要承包商戴恩公司的人员,以及驻德国第21战区保障部、驻欧洲后勤保障分部、陆军联合兵种中心、大西洋司令部、中央司令部、陆军部的有关人员等。参演部队有工程兵、战斗兵、后勤兵和外国部队。这次演习的任务是模拟利用承包商对一支2.5万名的维和部队实施后勤保障。

五、其他措施

为降低装备保障业务外包风险,针对实际情况,美军还采取了其他的一些风险防控措施。例如,为提高外包商的反应能力,美军非常注重让外包商参与装备保障计划的制定;为减少由于作战行动变化需要改变外包商任务而带来的不必要的麻烦,美军一般都事先与外包商商定好情境变化后需要变更的条款[①];为搞好外包设计,美军还采用"加强交流,牢固关系;周密策划,协调矛盾和冲突。"等策略[②];美军还通过对外包商提出要求、采取一定保护措施等手段,确保外包商安全,避免外包商违约,等等。

完善的风险管理体系既是提高装备保障业务外包效益的有力保证,也是稳妥推进装备保障业务外包实践的现实需求。从总体上看,为有效降低和防控装备保障业务外包风险,外军基本上建立了较为完善的风险管理体系,但随着外包实践的深度推进与不断发展,外军的装备保障业务外包风险防控举措将会更具针对性和实效性,风险管理体系也将会更加完善。

[①]这种在合同中预留开放余地或设置变更机制的方式,便于军地双方为应对外界环境变化能够进行重新协商。

[②]贾先勇,等. 美军后勤外包对我军军需保障的启示[J]. 军事经济学院学报,2005(2):94-96.

第四章
对推进我军装备保障业务外包工作的启示与建议

当前,我军装备保障建设已经步入了发展的新阶段,装备保障业务外包已成为我军装备保障能力提升的新生长点。积极借鉴外军装备保障业务外包的有益经验,是加强我军装备保障建设的现实需要。当今世界,任何一支军队,关起门来搞建设,都是不可能实现现代化的。但由于各国的国情军情不尽相同,学习外军,我们必须要做到心中有数。即使对于外军一些好的经验与做法,我们也不能采取简单的拿来主义,而应结合我军的实际情况加以消化和吸收。

第一节 由外军装备保障业务外包引发的启示

装备保障业务外包是装备保障建设方式的重大变革,也是装备保障能力建设的重大创新,对新形势下提升装备保障能力具有重要的现实意义。推进装备保障业务外包,已成为转变我国装备保障建设发展模式、提升装备保障能力的一条重要途径。"他山之石,可以攻玉。"系统研究外军装备保障业务外包的实践与经验,我们可以得到如下启示。

一、装备保障业务外包是弥补我军装备保障能力"缺口"的有效途径

着眼打赢未来高技术条件下的局部战争,我军武器装备现代化建设进程日益加快,尤其是近些年来,我军已有大批量高新技术武器装备陆续列装部队。相应地,我军装备保障面临的形势和任务日趋严峻:①我军武器装备品种多、新老并存的现状,导致了装备维修保障难度的加大。②装备保障人员规模的持续减少、保障资源不配套、修理机构专业设置与维修保障需求不相匹配等多方面

的矛盾和问题,致使仅靠部队建制保障力量已难以完成装备保障任务。部队现有保障能力与装备发展对保障能力的实际需求间的"缺口",极大制约了我军武器装备战斗力的生成与提升。

我国社会主义市场经济体制的逐步建立与日益完善,为装备保障能力建设奠定了良好的物质和技术基础。推进装备保障业务外包,通过充分挖掘和利用社会技术力量与资源,不仅可缓解部队建制保障力量和资源不足的矛盾,同时还能为外包商带来新的发展机遇。无论对军队还是对外包商而言,装备保障业务外包都是"互利双赢"的好事,其通过优化军地双方的资源配置,拓展和延伸了装备保障的技术和资源优势,夯实了装备保障的技术和物质基础,可极大提升我军的装备保障能力,有效弥补装备保障能力建设的"缺口"。装备保障业务外包,是我军装备保障能力建设步入新的发展阶段之后的必然选择,同时也是破解我军装备保障能力建设瓶颈、弥补我军装备保障能力"缺口"的有效举措。随着我军武器装备现代化建设的纵深推进,业务外包这一新的装备保障模式必将有更好、更快的发展。

二、完善的风险管理体系是稳妥推进装备保障业务外包进程的有力保证

外军装备保障业务外包的实践表明,装备保障业务向外包商转移,不仅可以较好地解决"平时少养兵"与"战时用兵多"之间的矛盾,利于保持一支精干的军队,而且还能提高装备保障效益,促进军队装备保障能力提升。换言之,装备保障业务外包是装备保障能力建设与提升的有效途径。但我们也应看到,外军装备保障业务外包之所以能够取得较大成功,绝不仅仅是业务外包这一全新保障模式的成功,更重要的还在于其建有比较完善的装备保障业务外包风险管理体系。在这方面,外军不仅健全了相应的法规制度、完善了组织执行机构,而且还采用了灵活的合同治理机制,并通过强调对装备保障业务外包进行风险评估以及采取多种措施对业务外包风险进行防控等。完善的风险管理体系是提高装备保障业务外包效益的有力保证,也是稳妥推进装备保障业务外包进程的现实需求,其既是推进装备保障业务外包工作的保障机制,也是促进装备保障业务外包成功的基础和前提。

第二节　对科学推进我军装备保障业务外包工作的建议

装备保障业务外包是我军装备保障能力建设的重要途径,其通过将建制外力量和资源纳入我军装备维修保障体系,扩大了我军装备维修保障的基础,可极大提升我军装备维修保障能力。但装备保障业务外包也是一把"双刃剑",如果不能对装备保障业务外包所潜在的风险进行有效防控,业务外包则将可能给我军装备保障建设造成不利影响。借鉴外军推进装备保障业务外包的经验与做法,综合考虑我国的国情军情,以提高装备保障业务外包效益为着眼点,对推进我军装备保障业务外包工作提出以下建议。

一、健全制度机制,夯实装备保障业务外包工作的根基

完善的制度配套是稳妥推进装备保障业务外包工作进程的有力保证,外军装备保障业务外包的实践就充分证明了这一点。但对于我军而言,由于装备保障业务外包还是我军装备保障能力建设的新实践,相应的法规制度还不健全,有些甚至还处于空白。法规制度的"真空",不仅不能使装备保障业务外包工作有法可依,而且还将制约装备保障业务外包的发展。为此,应着眼推进我军装备保障业务外包工作的现实需求,着力加大对装备保障业务外包制度的建设力度。

(一)完善法规制度配套,为装备保障业务外包提供制度保障

由于我军探索装备保障业务外包模式的工作才刚刚起步,在国家和军队层面,相应的法规制度还不健全,还缺少对社会技术力量参与军队装备保障的规范和制约。为优化我军装备保障业务外包工作的政策环境,着眼推进装备保障业务外包的制度建设,应积极学习和借鉴外军制度建设的先进经验和有益做法,制定与我军装备保障业务外包实际需求相适应的法律法规。

首先,应着眼军民一体化装备保障体系建设的全局,从顶层的高度、全局的视野,以国家的名义出台和完善一系列法律法规。如对现有的《国防法》《国防动员法》《合同法》和《招投标法》等法律进行修订,使之契合军民一体化装备保障的需求。同时,还应以《军民融合促进法》立法工作的启动为契机,进一步制定和颁发与《军民融合促进法》立法精神相契合、与我国社会主义市场经济特点

相适应的系列配套法规,为实现军民一体化装备保障和军地双方会商制定相关政策提供指导。

其次,军队应会同国防科工局起草《军民一体化装备保障条例》等类似法规,以对社会技术力量所承担的装备保障职责、修理等级、技术支援、器材设备保障等任务做出明确规定,并在程序、方法、内容上进行规范和统一。同时,对《武器装备科研生产许可条例》《中国人民解放军装备条例》《装备管理条例》等法规中的相应条款进行修订,使之与军民一体化装备维修保障发展相适应。进一步围绕社会技术力量所承担的装备保障职责、修理等级、技术支援、器材设备保障等任务,军队还要起草和制定如《装备保障业务外包合同管理规定》《装备保障业务外包质量管理规定》《外包商选择与利用管理规定》《外包商服务绩效评价办法》等规章制度,以明确军队和外包商在装备保障中的责、权、利关系,使社会技术力量参与装备保障有法可依,切实提高装备保障业务外包效益。

(二)建立外包决策机制,搞好装备保障业务外包设计

建立科学的外包决策机制,搞好装备保障业务外包设计,是事关装备保障业务外包事业的大事,其不仅会影响到装备保障能否充分利用社会优势技术力量与资源,还将影响到军队核心维修保障能力的形成与发展。为此,要积极稳妥地推进装备保障业务外包工作,务必要建立科学的装备保障业务外包决策机制,搞好业务外包设计,这是基础和前提。

(1)要做好装备保障业务外包的需求分析。需求分析是装备保障业务外包工作的第一步,其通过对军队内外环境如政治、经济、技术等进行分析,描述出装备保障业务外包需求,明确装备保障业务外包目标。对装备保障业务外包进行需求分析,要统筹考虑装备保障具体业务与装备保障发展战略,确保外包决策与装备保障发展战略相契合。装备保障发展战略是装备保障建设的方向性和根本性的问题,其指导着装备保障建设的全过程。装备保障业务外包是加强装备保障能力建设的重要举措,其决定和影响着装备保障建设的方向和水平。要确保业务外包成为推动装备保障发展的强劲动力,就必须把装备保障发展战略作为影响装备保障业务外包决策的重要因素,切不可因一时的急功近利,将与装备保障发展战略不相契合的业务外包出去,以对装备保障建设造成不利影响。

(2)要做好装备保障外包业务的选择分析。并不是所有的装备保障业务

都适合外包,决定业务能否外包应主要考察两方面的因素:①考察该业务是否属于核心业务或者是否有可能成为核心业务。核心业务识别是装备保障业务外包决策的先决条件。实行装备保障业务外包必须以加强军队自身核心能力为基础与目标,只有明确了军队自身的核心业务,才能使装备保障业务外包策略有的放矢,获得较高的效益。在外包前如不了解自身的核心业务,就会导致外包决策失误,从而达不到通过外包提高能力与效益的目的。对于装备保障核心业务一般不适宜外包,成为核心业务的可能性越大,外包的适合程度也就越低。但对于一些核心业务,由于当前建制力量自身能力限制等方面原因,也应进行外包,但要在外包过程中注重建制力量自身能力的培养与提升。②考察外包的成本效应。实施装备保障业务外包的重要目的之一就是提高装备保障效益,为此,必须把外包的成本效应作为决定是否外包的重要因素。考察外包的成本效应,不仅要考察外包的显性成本,更要考察外包的隐性成本,隐性成本往往是决定和影响成本效应的重要因素。对于因外包而导致成本大幅增加的装备保障业务一般不宜于采用外包策略。

(3)要做好外包商的选择分析。合适的外包商是业务外包得以成功实施的重要保证。当确定了装备保障外包业务之后,接下来就要选择合适的外包商。选择合适的外包商,不仅要确立合理的外包商选择流程,还要建立科学的外包商评价、选择机制与标准,否则将会因工作无章可循而导致工作失误或效率低下。首先,需对外包商的服务能力进行考察,首先,主要考量外包商的技术与能力是否能够满足装备保障需求。其次,要对外包商的以往绩效进行考察,通过多渠道收集外包商以往业绩的资料与信息,评估、判断外包商的履职能力,为外包商选择提供参考。最后,要考量与外包商合作的兼容性[①]。通过对外包商的历史、管理理念、文化价值观等方面的考察,考量与外包商合作的兼容性。总之,选择外包商,必须权衡各方面因素,全方位考察候选外包商。

(三)建立外包管理与执行机构,促进装备保障业务外包工作顺利实施

外包管理与执行机构是装备保障业务外包工作管理与执行的主体,建立强

---

① 合作的兼容性也是决定和影响装备保障业务外包效益的重要因素。缺乏兼容性的合作,不仅会增加合作的成本,还会导致合作过程中的道德风险。为此,有针对性地增强军地双方合作的兼容性,也是规避和防控装备保障业务外包风险的有效策略。

有力的外包管理与执行机构,是稳妥推进装备保障业务外包工作的有力保证,这既是外军实施装备保障业务外包的实践经验,也是我军推进装备保障业务外包工作的现实需求。由于装备保障业务外包涉及的环节多、情况复杂,加之我国装备保障业务外包市场还不成熟等诸多方面的原因,要切实使外包真正成为我军装备保障能力建设的生长点,离不开强有力的装备保障业务外包管理与执行机构。

结合我军装备保障业务外包工作的实际情况,外包管理与执行机构应具有以下职能:①拟制装备保障利用社会技术力量发展规划和装备保障业务外包工作计划,以从总体上对装备保障业务外包工作进行谋划;②围绕装备保障业务外包的现实需求,提请上级机关/职能部门以及在自身职权范围内完善装备保障业务外包的制度规章;③建立外包决策机制,系统分析与设计装备保障业务外包工作;④建立风险管理与防控机制,降低装备保障业务外包风险;⑤建立外包商信息资源库,为装备保障业务外包提供决策支持;⑥与外包商签订外包合同,并对合同进行管理和监督;⑦对外包商工作绩效进行评估,促进外包商服务质量改进等。

二、科学评估风险,建立装备保障业务外包风险监控机制

外包风险既是最终影响外包决策的依据,也是制约外包效益提升的关键。科学评估装备保障业务外包风险,不仅事关装备保障业务外包的正确决策,还会影响到风险防控策略的制定,并影响到装备保障业务外包的效益。为此,要对装备保障业务外包风险进行科学评估,以为装备保障业务外包提供决策支持,为风险管理提供现实依据。

风险监控也是风险管理的重要一环,包括风险监视和风险控制两层含义,其职责在于:跟踪已识别风险的发展变化情况;根据风险变化情况及时采取应对措施,同时对已发生的风险、产生的遗留风险及新增风险予以及时识别、分析,并采取适当的应对措施。装备保障业务外包的各类风险有一个发生、发展的过程,建立风险监控机制,通过对外包风险进行实时的监视与控制,随时对各类风险予以应对与防范,可实现对装备保障业务外包风险的有效管理。

为此,要提高装备保障业务外包效益,务必要对外包风险进行科学评估,并建立有效的风险监控机制,这既是科学防控装备保障业务外包风险的现实需

要,也是提高效益、促进装备保障业务外包健康发展的有力保证。

三、建立有效的激励与约束机制,提高装备保障业务外包风险防控能力

在装备保障业务外包中,军方与外包商的关系实质上就是委托人和代理人的关系,两者有着不同的效用最大化目标。在这种情况下,军方必须建立相应的激励与约束机制,使得外包商在追求自身效用最大化的同时,也实现军方效用的最大化。

（一）建立长效的装备保障业务外包工作机制

（1）建立装备保障业务外包市场的竞争机制。竞争是市场经济的基本规律之一,其通过优胜劣汰的过程,推动资源的合理配置,从而大大提高社会经济活动的效率。在装备保障业务外包市场中建立竞争机制,既是市场经济发展的客观要求,也是促进装备保障业务外包效益提升的有力保证。为此,应按照市场经济的基本要求,努力营造和培育装备保障业务外包市场的竞争环境,并通过吸纳有能力的军工企业集团、装备承研承制单位和其他社会技术力量,参与装备维修保障任务的竞争,提高装备保障业务外包效益。

（2）建立装备保障业务外包市场的评价机制。评价是提高决策科学性的有力保证。建立装备保障业务外包市场中的评价机制,健全和完善对外包商的评价标准、评价办法,通过重点对外包商资质、服务能力（技术实力、灵活服务能力、信息沟通能力、成长潜力等）、服务绩效（服务质量、服务价格、服务速度等）等进行评估,促进装备保障业务外包决策科学化,为稳妥推进装备保障工作奠定基础。

（3）建立装备保障业务外包市场的监督机制。监督是降低装备保障业务外包市场信息不对称程度的有效措施,也是军方了解和掌握外包商服务情况的重要渠道。有效的监督,可识别并遏制外包商的一些机会主义行为。为此,应按照全过程管理的要求,重点对外包商的合同签订与履行等多个环节进行有效监督,及时发现和解决装备保障业务外包过程中所存在的问题,以确保装备维修保障的质量和水平。

（4）建立装备保障业务外包市场的激励机制。奥尔森认为,有选择性刺激手段的集团比没有这种手段的集团更容易、更有效地组织集体行动。运用激励

机制可以使外包商从更努力的工作中获得利益,可极大激发和调动外包商的工作热情。为此,应按照互利共赢的原则,从政策制度、经济利益等方面,对外包商给予适当激励,以调动社会技术力量参与装备保障活动的积极性。

(二) 实施灵活的合同治理机制

合同是装备保障业务外包中规范军地双方关系的正式框架,其法律效力对军地双方具有较强的约束力。在装备保障业务外包中,合同的签订至关重要,其既是风险的来源,也是风险防控的关键环节。良好的合同治理机制是规范军地双方行为的基础,还是防控外包风险的有效手段。关于合同治理,Harris等发现,比丰富合同条款更重要的是合同的灵活性,灵活性比价格重要,是提高满意度的重要保证。博弈论认为,在长期、重复的动态博弈中,双方将趋于合作,减少机会主义行为。因此,运用合同治理机制防控装备保障业务外包风险,设计灵活的合同是十分必要的。在合同设计中,军地双方应在价格调整、重新协商机制等方面预先保留开放的余地,或者在合同中设置变更机制,以便应对外界环境变化能够进行重新协商。增强合同的灵活性主要有两种方法:①设计不完备合同;②设计激励性合同。具体可采用如下三种合同形式:

(1) 采用分阶段合同的形式。运用分阶段合同,不仅可以保证军方能够对变化的环境及时做出调整,避免长期预测不确定性的困难,而且还可以根据维修保障绩效对外包商进行取舍。采用分阶段合同可以免于被外包商套牢,同时由于分阶段合同不包括任何排他性条款,外包商的机会主义行为也会得到有效的遏制。

(2) 采用变化价格合同的形式。运用变化价格合同防控装备保障业务外包风险,军方可以制定一个固定价格合同和变化价格的激励合同。这里,军方应首先与外包商协商确定一个可以接受的利润水平,并协商确定不同的绩效水平所对应的期望利润,然后进行权衡分析,确定绩效水平与外包商的利润率,并确保该利润率对外包商具有一定的吸引力,在此基础上,制定激励合同。

(3) 采用利益分享合同的形式。实行装备保障业务外包,军方除了关注成本,更关注绩效。军方在合同设计中应充分体现这一点。为提高外包商的保障绩效,采用利益分享合同,军地双方可以约定,只要外包商的服务水平超过了协议水平,外包商就可以获取奖励等条款。这类合同的优点在于,可促使外包商在提供服务过程中不断采用新技术、新工艺,有利于提高装备保障的效率和水平。

(三) 实施有效的军地合作关系治理机制

Zaheer 等证明,关系治理将正向影响绩效。Kim 也发现,外包关系质量是外包有效性的决定因素。为此,在推进装备保障业务外包过程中,军方应着重加强对军地双方合作关系的治理,通过不断提高军地合作关系的质量,达到科学防控装备保障业务外包风险的目的。

POPPO 等认为,关系治理的要素是开放的沟通、信息共享、信任、依赖和合作,其中尤其值得重视的是信任、沟通和依赖。UZZI 甚至认为,关系范式,如信任,可以代替复杂、明确的合同或纵向整合。信任及其相应行为发挥着自我强化的保证作用,比正式合同或纵向整合更有效、更经济[1]。信任是实施关系治理的基础,军地之间的关系治理应以增强双方的信任为根本出发点。信任是一种心理学状态,是指一方对另一方由于有积极的预期而主动接受其意图或行为方式的意愿。信任是正式控制的替代物,高度的信任可以减少对控制的需求,使公开的沟通和谈判细节的确定变得更容易。信任是多维度的,其不仅包括基于计算的信任、认同的信任和制度的信任,也包括基于知识的信任、关系式的信任和过程的信任等。军地之间的信任可作为一种管理机制,能够有效地减轻组织间因不确定性和依赖性而可能产生的投机行为。

为此,军方应把信任作为军地双方合作关系治理的重要目标,通过加强与外包商间的沟通,建立稳定的交流机制,促进信息共享,增强双方间的互信,逐步建立高度信任的军地合作关系,促使军地双方在相互理解与支持中协同合作,共同致力于装备保障绩效和水平的提高。这既是装备保障能力建设的目标要求,也是科学防控外包风险的有力保障。同时,为保持军地双方间良好的合作关系,对外包商合理程度的依赖也是有必要的。Klein 认为,一方保持值得信赖状态的条件是,从长期来看,保持这种状态所能得到的利益大于破坏它的利益。这种逻辑与博弈论相同,其认为,从未来合作行为中得到的回报可以鼓励现在的合作。

当然,运用关系治理方式防控装备保障业务外包风险也是有其局限性的,关系治理方式并不能成为外包风险必然有效的治理结构。Carson 等认为,关系合同的有效性受到模糊性的限制。如果合作各方或者第三方不能清晰地观察

---

[1] UZZI B. Social Structure and Competition in Interfirm Networks: the Paradox of Embeddedness [J]. Administrative Science Quarterly, 1997, 42:35-67.

和评估机会主义行为,运用关系合同来降低机会主义行为的能力就会下降,这正是关系治理方式的局限性所在。因此,运用关系治理方式防控外包风险也应维持在合理的水平。Jeffries等就曾证明了信任中"过犹不及"的道理,即太多信任与太少信任一样无益。

(四)实施外包商储备机制

外包商储备机制,又称双外包商制,是指在装备保障业务外包中军方同时选择两个外包商,其中一个作为备选。建立外包商储备制,军方可以在获取稳定保障服务的同时,给外包商一种无形的压力,让外包商感觉到自己并不是军方的唯一选择,这将迫使外包商自觉提高服务质量。

这种策略的有效性在于,由于每个供应商担心业务被其他供应商夺走,因而会努力提供更高的绩效和质量。外包商储备机制时常被视为缓解套牢风险的机制,因为它可以保护客户不受唯一供应商自满状态的损害。在推进装备保障业务外包过程中,采用外包商储备制,不仅可以有效地避免对某一外包商形成过度依赖,还会由于潜在的竞争而大大提高装备保障效率和效益。但从目前来看,运用此策略还存在一定的难度。究其根本原因就在于,我国武器装备市场的垄断结构对外包商储备制策略的运用所形成的制约。垄断是我国装备市场的重要特征。尽管我国装备市场准入制度几经变革,尤其是近些年,以打破垄断、促进竞争为目标导向的法规与政策,也相继出台并付诸实施,但装备市场的垄断结构并不能从根本上消除。尽管与形成装备市场竞争性格局的目标相比还任重道远,我们也要深信,随着我国国防科技工业体制改革的逐步深化及民用工业经济的迅猛发展,装备市场的垄断结构必将为准垄断结构或竞争性结构所取代,这一点是不容置疑的。因此,因们考虑运用外包商储备策略来防控装备保障业务外包风险不仅是必要的,而且是可行的。尤其在军民两用技术突飞猛进以及民用工业部门技术领先优势日益凸显的今天,民用技术和力量进入装备保障领域,只是指日可待的事情。

(五)与外包商发展互利共赢的长期合作伙伴关系

经济全球化的迅速发展,极大地促进了产品和要素在全球范围内的自由流动。在这一背景下,组织所面对的竞争已不仅仅是过去的对抗性竞争,出于效率与规模经济、新的市场价值、满足新客户需求等方面因素的考虑,合作竞争、协同竞争等新型竞争模式正日益成为当今市场竞争的主流。新的竞争态势使合作共赢的经营理念日益深入人心,相应地,建立长期的合作关系,尤其是伙伴关系,越发成为合作各方在瞬息万变的市场环境中谋求竞争优势与持续发展的战略途径和有效手段。

合作伙伴模式是一种有效的管理模式,是以伙伴关系理念为基础,各参与方在相互信任、资源共享、风险共担的基础上,签订伙伴关系协议,组建兼顾各方利益,有共同的目标,有完善的协调沟通机制的工作团队的一种管理模式。Brown等就曾证明,如果合同中没有第三方参与,长期关系从合作开始就可为双方带来充分的分享利润和高绩效水平。Anderson and Weitz(1989)也曾指出,任何一个组织很难从组织关系中获利,除非该组织认为这种关系会一直持续下去。

装备保障业务外包是我军装备保障发展的新模式,虽然利用外包商加强装备保障能力建设的工作在我军才刚刚起步,但这种新保障模式所具有的强大生命力必将使外包商成为我军装备保障事业建设中的一支重要生力军。长期合作伙伴关系能够从根本上减少人为风险因素的影响。与外包商建立长期合作伙伴关系,通过共同的利益关系、相似的价值观和行为理念,军地双方间更容易达成理解与共识,在互利共赢的发展理念及共同愿景下,长期的合作伙伴关系,不仅使外包关系不断稳定,而且还可以有效防范外包商的机会主义行为。因此,应从国家长远利益出发,以军地双方间的利益驱动为牵引,在兼顾国家经济建设与国防建设的前提下,积极发现军地双方利益的交叉点和结合点,并通过不断提升军地双方的利益水平,增进其共同利益,以提高军地双方的积极性、主动性和创造性。换言之,我们既要强调装备保障业务外包的军事效益,又要防止因片面强调军事效益而忽视和损害外包商的利益。只有兼顾军地双方各自的利益诉求,实现共赢,才能为我军装备保障建设注入强劲动力,推动装备保障持续、健康、稳步发展。

总之,防控装备保障业务外包风险是一项综合的系统工程,绝非某一防控策略和机制而能为之。由于以上风险防控机制都是针对外包风险发生的某一侧面而给出的,尽管各机制职能间有一定交叉,但对于有效防控装备保障业务外包风险仍具有一定局限性。要科学有效地防控装备保障业务外包风险,就必须综合运用各种风险防控策略与机制,通过对各种风险防控策略与机制的优化组合,发挥1+1>2的综合优势,以切实提高风险防控的针对性和实效性。

参考文献

[1] 贾先勇.外军军需装备外包概述[J].军需研究,2007(3):62-63.

[2] 郭祥雷,卜祥健.军事外包的起源、发展和研究现状[J].军事经济研究,2012(8):32-34.

[3] 刘军,吴鸣.外军装备保障外包实践及启示[J].装备指挥技术学院学报,2007(6):14-17.

[4] David Berkowitz, Jatin-der N.D.Gupta, et al.Definning and implementing Performance-Based Logistics in government, Defense AR Journal, 2004(12): 255-267.

[5] Mahadevia, Devi, Engel, Robert J, Fowler, Randy.Performance-Based Logistics: Putting Rubber on the Ramp.Defense At&L, 2006, 35(4): 30-33.

[6] 徐克洲.外军对作战后勤保障认识的新发展[J].外国军事学术,2013(5):29-32.

[7] 吕彬,肖振华.军民融合式装备保障论[M].北京:国防工业出版社,2012.

[8] 张东升,任世民,王晖.外军装备保障概况[R].装甲兵工程学院,2006.

[9] 付兴方,高辉,等.美军航空备件合同商保障的主要做法与启示[J].物流科技,2008(12):143-145.

[10] 朱磊.外军军民融合式装备维修保障的主要做法[J].外国军事学术,2011(3):70-72.

[11] HARRIS A, GIUMIPERO L C, HULT G T M.Impact of Organizational and Contract Flexibility on Outsourcing Contracts [J].Industrial Marketing Management, 1998, 27(5): 373-384.

[12] 魏喆.Partnering模式:一种新型工程管理模式[J].贵州工业大学学报(社会科学版),2005(2):25-30.

[13] PORTER M.Competitive Advantage Creating and Sustaining Superior Performance [M].New York: The Free Press, 1985.

[14] HARRIS A, GIUMIPERO L C, HULT G T M.Impact of Organizational and Contract Flexibility on Outsourcing Contracts [J].Industrial Marketing Management, 1998, 27(5):373-384.

[15] ZAHEER A, MCEVILY B, PERRONE V.Does Trust Matter? Exploring the Effects of Inter-organizational and Interpersonal Trust on Performance [J].Organization Science, 1998, 9(2): 141-159.

[16] KIM H J.IT Outsourcing in Public Organizations: How does the Quality of Outsourcing Relationship Affect the IT Outsourcing Effectiveness? [D].Syracuse: Martin J.Whitman School of Management, Syracuse University, 2005.

[17] POPPO L ZENGER T.Do Formal Contracts and Relational Governance Function as Substi-

tutes or Complements? [J].Strategic Management Journal,2002,23(8):707-725.

[18] KLEIN B A.Why Hold-ups Occur: the Self-enforcing Range of Contractual Relationships [J]. Economic Inquiry, 1996, 34(3): 444-463.

[19] CARSON S J, MADHOK A, WU T.Uncertainty Opportunism, and Governance: the Effects of Volatility and Ambiguity on Formal and Relationa Contracting [J].Academy of Managemen tJournal 2006, 49(5): 1058-1077.

[20] JEFFRIES F L, REED R.Trust and Adaptation in Relational Contracting [J].Academy of Management Review, 2000, 25(4): 873-882.

[21] 关培兰,胡志林.人力资源管理外包[J].企业管理,2003(2):54-55.

第二篇

外军装备保障手段建设及借鉴

装备保障手段是指用于装备保障的各种装备、设备、设施、技术手段以及新技术应用等辅助手段的总称,是开展和实施装备保障作业的物质和技术基础,是提升装备保障能力的"倍增器"。随着大量高新技术在军事领域的广泛应用,以及主战装备高技术化、集成化程度的不断提高,装备保障不仅对保障手段的依赖性越来越强,而且对保障手段建设的要求也越来越高。为此,世界各国为有效应对新军事变革对装备保障所带来的挑战,都加大了对装备保障手段的建设力度,尤其是各主要军事国家,其装备保障手段建设可谓是突飞猛进。

受客观历史条件和环境的制约,我国装备保障手段建设的整体水平不仅与西方发达国家相比存在差距,而且也远落后于主战装备的发展。主战装备"腿长"、保障手段"腿短"的局面,严重制约了主战装备作战性能的发挥。保障手段是保障能力形成与发展的物质和技术基础,是保障能力建设的重要切入点与着力点。抓保障手段建设,就是抓保障能力的形成与提升。近些年来,我国装备保障手段建设取得了显著成绩,但就整体水平而言,保障手段建设仍处于机械化的初级阶段,不仅"通用化、野战化、系列化"的问题尚未解决,而且与作战装备不配套的问题也依然存在。新世纪新阶段的使命任务和新形势下的强军目标,不仅对我国的装备建设提出了新要求,而且也对保障手段发展提出了新挑战。加快保障手段建设,促进保障手段建设与装备发展相匹配、相协调,既是推动武器装备健康发展的有力保障,也是加强装备保障能力建设的现实需要。

以美国为首的主要军事国家,既是新军事变革的倡导者,也是新军事变革的实践者。近年来,这些国家不仅在装备建设方面成就显著,而且在保障手段发展方面也积累了许多经验、取得了许多成果。合理借鉴主要军事国家装备保障手段建设的经验,是确保我国装备保障建设发挥后发优势、实现跨越和赶超的基础和前提。为此,着眼我军装备保障建设的现实需求,以推进我军装备保障手段建设、提升装备保障能力为目标,本部分系统分析了外军装备保障手段的建设发展情况,揭示了信息化条件下装备保障手段建设的特点与规律,并结合我国的国情军情,提出了新形势下加强我军装备保障手段建设的对策建议。

第五章
主要军事国家装备保障手段建设情况

随着新军事变革进程的深度推进,世界各国武器装备建设突飞猛进,这不仅表现为其本身的结构越来越复杂,而且也表现为其对保障手段的依赖性和建设要求越来越高。装备保障手段是装备保障能力建设和发展的物质和技术基础,装备保障手段的发展水平从一定程度上可反映出一个国家的军队装备保障能力的建设情况。为应对信息化条件下的装备保障需求,世界各国军队都在着力提高保障手段的技术含量,以使保障手段朝着智能、高效、综合的方向发展。总体上看,各国采取的措施主要包括:①发展新型野战保障车辆,适应未来信息化战场装备保障的需求;②发展检测诊断技术设备,提高装备故障诊断能力;③利用人工智能技术,发展装备保障机器人;④适应装备体系对抗要求,发展系统配套的保障装备。本部分从新技术在装备保障领域运用、维修保障装备和维修保障系统等方面,全面分析主要军事国家装备保障手段的建设情况,深度揭示信息化条件下装备保障手段建设的特点与规律,以便对正处于装备保障能力建设攻坚期的我军提供借鉴和参考。

第一节 推进新技术在装备保障领域广泛运用

科学技术是装备保障活动的技术基础,其在提升装备保障能力过程中始终居于核心位置。不同时代的装备保障手段,不仅是科学技术物化的结果,也是由科学技术发展水平所决定的。随着新军事变革进程的深度推进,世界各国不断加大装备保障领域的技术创新。高新技术,特别是信息技术的发展及其在军事领域的应用越来越广泛,使得武器装备的现代化程度越来越高,相应地也要求通过采用新的技术来实现装备保障的现代化。从世界范围来看,现代高技术领域中对装备保障影响最大的就是信息技术;其次是机械化平台技术以及与新材料、新工艺有关的各种技术。具体来说,信息技术突破了传统技术对装备保障的束缚,为信息化战争装备保障方式、手段的变革奠定了基础,而机械化平台技术与新材料、新工艺的不断发展,则为装备保障技术进步注入了新的活力,使装备保障效率大幅度提高,装备保障成本持续下降。因此,外军,特别是美军,非常重视在装备保障领域采用新的技术,这种做法已经对外军的装备保障能力建设产生了深远影响。

一、综合信息系统技术在装备保障领域中的应用

装备保障综合信息系统是以计算机为核心的技术设备及相应软件,通过军事自动化通信网与各种信息终端相连而形成的计算机网络系统。在信息化战争条件下,由于大量使用信息化装备,对装备维修保障提出了新的挑战,要求装备保障指挥管理要具有迅速收集和处理大量保障信息,并及时做出正确决策的能力。充分利用现代信息技术,建立数字化、自动化、智能化、集成化与网络化的装备保障指挥管理信息系统,为实现快速、高效的装备保障指挥管理提供有力手段,已成为装备保障信息化建设的重要内容,并受到各国军队的普遍重视。世界各军事大国为此也竞相开发了各种装备保障指挥管理自动化系统,并在战争和战备中得到了实际应用。

美国是世界超级大国,也是举世公认的信息超级大国。早在20世纪60年代中期,美军就开始开发各种装备保障信息系统。如自20世纪70年代中期开始,美国陆军就着手研制统一的"陆军标准维修保障系统(SAMS)"。该系统在陆军部队范围内共分3级:SAMS-1系统用于军、师修理分队;SAMS-2系统用于军、师支援司令部;SAMS-3系统用于战区或相应的陆军大单位。在陆军部一级还有一个SAMS-W系统,用于汇集和管理上述3个系统的原始维修保障数据,并进行科学分析,以做出决策供陆军器材司令部使用。

法国于1996年就开发了一个可用于平时、战时、危急时在司令部机关、战备演习和对外作战中使用的装备保障信息管理系统。该系统适合于合成部队或多国部队对维修保障作业进行指挥控制。系统的控制级为团级至总参谋部级,可对各团装备器材连、团及团以上直接支援与维修保障机构和总部支援与维修保障机构实施保障管理与指挥控制。该系统制定了统一的信息标准,系统

结构严密、综合化程度高,能在各参战国部队之间进行数据交换,能对装备维修保障资源进行有效管理。

二、状态检测技术在装备保障领域中的应用

状态检测技术是提高装备保障效率的重要手段。随着现代科学技术的飞速发展,大量高新技术装备陆续应用于战场,装备保障难度不断增大,尤其是查找故障更加困难,传统的检测方法与手段已难以满足信息化战争对高技术装备故障快速诊断的要求。为此,各国军队越来越重视状态检测技术的开发,这其中包括通过对现役装备进行技术改造来提高装备的故障检测和诊断能力。目前,可用于装备状态检测的技术主要包括机内测试技术、激光检测技术和油液监测技术等。状态检测技术在装备保障领域应用甚广,尤其是随着基于状态的维修理念和维修方式逐步为人们所接受,更为状态检测技术的推广应用提供了广阔的发展空间。

嵌入式诊断,是在系统运行过程中或基本不拆卸的情况下,利用系统自身的检测诊断能力,独立掌握系统当前的运行状态,独立查明产生故障的部位和原因,预知系统的异常和故障动向,以声、光和显示屏等多种形式进行信息输出,并辅助操作人员和装备保障人员采取必要对策。嵌入式诊断是提高装备测试性、维修性和提升复杂武器系统快速维修保障能力的最为简单有效的技术手段。

装备的嵌入式诊断设备通常包括以下主要功能:实时在线监测重要部件的运行状态;记录装备重要的运行状态参数;一旦部件状态异常,能够独立、集中地进行声光等多方式报警;部件发生异常后,独立进行多层次的故障诊断;进行部件运行状态趋势分析和寿命预测;与装备维修管理部门进行实时的数据交互(有线或无线方式)和故障深层分析;对某些故障模式进行自动处理,避免故障的扩大和危害的增加;与地面多种检测修理设备进行数据交互;具有自检能力。

三、远程维修保障技术在装备保障领域中的应用

远程维修保障技术是随着高技术装备的大量使用和计算机网络通信技术的不断发展而产生的一种先进的装备保障手段。它通过计算机网络将前方的保障人员与后方的技术专家紧密联系起来,并为前方武器装备的使用、维护、修

理以及战场抢修提供及时、准确的技术指导和决策支持。前方保障人员在遇到困难时,通过联网将现场的图像、声音和装备的技术参数等,传输给远方的技术专家,请求技术支援;远方的技术专家在进行分析研究后,迅速得出结论,并通过网络对前方的使用及维修保障工作进行实时指导,以协助前方人员迅速、准确地完成任务。远程维修保障系统一般主要包括视频辅助维修保障系统、佩戴式计算机系统、视频支援网络、带诊断软件的传感器以及电子技术手册等。远程维修保障技术的优点是保证能在第一时间完成高质量修理,并且在有效时间内通过分享经验提高人员的维修熟练水平,同时降低对培训的要求,显著减少装备在现场的修理时间和停用时间,提高装备的战备完好率,降低使用与保障费用。

美军武器系统中已采用多种远程维修方案。海军典型的系统方案为:将安装在作战平台上的远程维修支持系统,通过卫星通信或无线通信系统与战术因特网相连,使海上舰船和舰载机可以从多个网络数据库中获取数字化图样资料、工程数据、维修辅助决策、保障计划和技术培训等信息,还可通过音频、视频会议系统和数字传输技术,使维修现场技术人员同基地或工业部门的维修专家进行交互通信,在复杂故障诊断及修理等方面得到帮助。如在"科索沃"战争期间,"林肯"号航空母舰战斗群的每一条舰艇上都安装有远程维修支持系统,在3个月的时间内共计使用了1600多次。航空母舰作战群的技术人员利用该系统与基地维修专家进行即时交流,及时排除了SPS-49对空警戒雷达等大型装备的疑难故障。技术人员还利用该系统,每天与舰船保障中心、军内科研机构、承包商等9个机构的技术专家联系,或召开视频会议商讨有关维修对策。

另外,便携式维修保障辅助设备也是远程维修保障技术在装备保障领域中的典型应用。便携式维修保障辅助设备是一种配备给现场维修保障点使用的、可移动的计算机设备,通常包括1台小型计算机和显示器。便携式维修保障辅助设备的功能主要包括技术数据显示、故障隔离和修理指导、零部件查询和订购、专业技术文件编制和分析、状态监控和故障预测以及工作数据输入和下载等。便携式维修保障辅助设备应用范围很广,其借助无线技术可以使现场维修保障人员与位于远方的中央数据库和技术专家相连接,便于维修保障人员根据需要随时随地获取必要的数据和专家的帮助。美国陆军早在20世纪80年代后期就开始研制通用便携式维修保障辅助设备,其使用范围已经涵盖了所有地面战车、直升机、导弹和保障装备。

随着计算机运算速度、硬盘存储空间、语音识别能力、元器件微型化和无线通信技术的发展,便携式维修保障辅助设备的用途日益广泛。便携式维修保障辅助设备与人工智能技术相结合,还将产生智能便携式维修保障辅助设备,可以辅助维修保障人员实现远程和智能化的检查、维护和修理,降低维修保障作业的复杂性,提高测试的准确性,缩短故障检测与隔离时间,降低故障隔离的模糊度。

四、虚拟维修技术在装备保障领域的应用

虚拟维修技术是指利用计算机模型、仿真、软件等手段来辅助或实现产品的维修/或维修性设计的技术,它以信息技术、仿真技术、虚拟现实技术为支持,在产品的物理实现之前,就能预测或感受到未来产品的维修性水平,在产品使用维修过程中,则可以完成产品性能的测试,并辅助指导维修过程的完成。它是虚拟现实技术在装备维修保障中的应用,是一个更合乎人的感觉的维修保障辅助系统。虚拟维修技术主要包括虚拟拆装、虚拟加工、虚拟测试。

近年来,虚拟维修技术在美军装备型号研制中得到了大量的应用。美军不仅在研制中采用虚拟维修技术来缩短研制周期、降低研制费用,而且在装备维修保障训练中也开始采用虚拟维修保障训练技术来提高训练水平,节省装备维修保障训练费用。虚拟维修技术已成为未来维修技术发展的一个重要方面。

五、自动识别技术在装备保障领域中的应用

自动识别技术是集光、机、电、计算机等技术为一体的高新技术。它能够准确、及时地提供有关物资状况的信息,不管其处在储存、发运,还是在运输途中,从而增强系统的识别、跟踪、记录能力以及控制器材、维修过程、力量部署、设备、人员和物资保障能力。自动识别技术主要包括条形码、射频识别、全球卫星定位系统(GPS)等技术。

美军早已在装备补给、运输、维护、修理等领域广泛应用自动识别技术。美国国防部在1992年进行的欧洲弹药、器材、设备和装备的海上回撤中开始使用射频识别技术。从那时起,射频识别已多次应用于演习、应急作战以及从本土

向欧洲的空运和战区内运输。美国国防后勤局的自动清单编制系统使用存储卡将各种货物(盒装货件、空运托盘、厢式货车、集装箱所运货物)的详细数据传给用户,方便了自动收货处理工作。

美国海军在物资器材运输过程中广泛采用军事运输标签、条码、存储卡、无线射频识别标签、卫星跟踪系统等设备,以便随时掌握物资器材的运输过程和存储情况,实现高度透明的保障。美国海军要求所有船运集装箱均采用条码或射频卡来标识集装箱内所装的物资器材,通过自动识别装置和射频卡阅读器就可了解物资器材信息,配合通信卫星的使用,可全面了解处于任何位置的物资器材情况,增加物资器材运输的可视化,大幅度提高保障效能。在伊拉克战争中,美军广泛使用了自动识别设备,快速获取各类物资相关信息,提高了装备保障过程中的信息感知能力。

六、智能维修技术在装备保障领域的应用

智能维修技术是以计算机为工具,并借助人工智能技术,来模拟维修保障专家智能(分析、判断、推理、构思、决策等)的各种维修保障及其管理技术的总称。智能维修在装备保障领域的应用主要集中于故障诊断、专业训练、技术管理、保障评估等方面。美军非常重视智能维修在装备保障领域中的应用,其在发展智能维修技术方面处于世界前列。

随着人工智能技术的不断发展,智能维修在装备保障领域中的应用逐渐扩大。智能诊断是借助人工智能方法,在监测的基础上对复杂系统的故障进行分析和判断,确定故障位置、原因,并给出解决方法。机器人学是依靠人工智能的方法,可实现机器人的视觉和模式识别,使机器人能够完成特殊环境下的装备维修保障任务。智能设计是将人工智能引入维修性设计中,有很多设计难以建立数学模型和用数学方法求解,而与人工智能相结合的计算机辅助设计等工具为维修性设计开辟了新的途径。在装备保障领域主要使用专家控制系统与专家控制器、仿人智能控制器、基于神经网络的控制系统等。

七、表面工程技术及其在装备保障中的应用

科学技术的发展对装备零部件表面性能的要求越来越高,特别是在高速、高温、高压、重载、腐蚀介质等条件下,零部件材料的破坏又往往造成整个零件

失效,最终导致装备停用。因此,各国都在努力研究各种提高零件表面性能的新技术、新工艺,相继开发出了大批实用、先进、高效的表面工程技术。目前,已在装备保障领域得到广泛应用的表面工程技术主要包括热喷涂技术、电刷镀技术、快速黏接堵漏技术、纳米原位动态自修复技术等。

据美国《航空周刊》2014年6月3日报道,美国NanoSonic公司已将其开发的技术应用于降落平台式水陆两用舰船入口屏蔽,目的是减轻海军和海上飞机的腐蚀效应。该公司的HybridSil防腐涂层在受到损伤后可立即进行自修复,防止腐蚀的发生,同时这种涂层可使飞机的维护更加简单。HybridSil的自修复特性是由于其内部灌注着特殊聚合物树脂的纳米胶囊,这种液体树脂可实现即时自修复。

曾任美国海军海上系统司令部负责水面战的副司令詹姆斯·P.麦克马纳蒙(James P. McManamon)指出,海军海上系统司令部最新的喷涂标准要求使用单覆盖、高固态环氧涂料,喷涂压载舱、空舱和锚链舱,使用这种新型涂料之后,不仅费用能减少20%~30%,而且还能支持舰船以较好状态服役20年。他说:"单覆盖、高固态环氧涂料是一种非常特殊的物质。这种材料更薄,但是强度更大,所以在喷涂的时候,只需要单层覆盖,喷涂一次。"美国海军"邦克山"号巡洋舰、"日耳曼城(Germantown)"号及"冈斯顿霍尔(Gunston Hall)"号两栖船坞登陆舰在进行现代化改装和维修期间都曾使用过单覆盖涂料。单覆盖涂料已经应用到"自由"号濒海战斗舰、"吉拉德·R·福特"号航空母舰、"圣安东尼奥"及"纽约"号两栖船坞运输舰的压载舱和燃油舱中。

除了单覆盖、高固态涂料外,一种新的玻璃纤维用涂层用到"吉拉德·R·福特"号航空母舰的推进轴上。这种新的涂层有望达到15年的寿命,与原来型号涂层7~10年的寿命相比,这是非常大的飞跃。

为防止或延缓大气对装备的腐蚀,俄军主要采用使金属表面与大气隔离的方法。俄军采用的主要涂层有油漆涂层、防护涂料、薄膜涂料等。俄罗斯还研制了一种能把疏松的氢氧化铁变为浓密而稳固的不可逆的一层氧化物,以保护金属不受腐蚀的磁性氧化铁(四氧化三铁)的防锈稳定剂。

八、增材制造技术在装备保障领域的应用

增材制造(Additive Manufacturing,AM)技术是采用材料逐渐累加的方法制

造实体零件的技术,相对于传统的材料去除——切削加工技术而言,其是一种"自下而上"的制造方法。近20年来,AM技术取得了快速发展,"快速原型制造(Rapid Prototyping)""三维打印(3D Printing)""实体自由制造(Solid Free-form Fabrication)"之类的称谓分别从不同侧面表达了这一技术的特点。AM技术不需要传统的刀具和夹具以及多道加工工序,在一台设备上可快速精密地制造出任意复杂形状的零件,从而可实现零件的"自由制造",并可大大减少加工工序,缩短加工周期。

美国军方特别重视以3D打印为代表的增材制造技术。一方面由于3D打印技术的特点(如制造复杂结构零件、制造样品成本低、适合小批量生产等)能满足军工产品的独特需求[①];另一方面,美国正在实施制造业复兴战略,希望利用其军工资金雄厚、研发基础好、研发能力强、管理模式成熟等优势来带动整个制造业的复兴。如美国2011年出台的"先进制造伙伴关系"计划以及2012年出台的美国国家制造业创新网络等,美国国防部都深度参与其中。

为推进增材制造技术在装备维修中的应用,美军各军种都采取了具体措施。美国海军航空系统司令部主要采取了以下四个方面的改革倡议:①现场增材制造零件;铸造件替换件;结构修复/替换;飞机起飞与着陆设备、保障设备零部件;增材制造设备工艺标准;武器和动力;复杂的发动机零部件等。备选的零部件,特别是诸如各种形状复杂、薄壁的零件。②论证快速试验与鉴定方法:金属和工艺过程鉴定;结构分析与结构确认;无损检测方法;创新工艺过程模型等。通过研究实践,形成具体方法和开发有关设备。③在整个海军航空兵应用"数字线":基于3D模型的环境建设;3D建模与增材制造数字环境建设;增材制造数据结构体系/标准;增材制造构建整体(构建包)开发等。该倡议需要进行一系列基础性建设和研究,需要系统原始制造商(OEM)与政府的合作,原始制造商数据映射到海军设计标准中,等等。其成果包含组合各个产品寿命周期管理(PLM)、可视化、基于仿真的采办,形成综合的质量/认证/试验数据包等。④改革业务与采办过程:建立和完善海军与国防部供应链,将系统各级承包商、原始制造商、维修单位、基地级维修和作战使用部队的供应源及供应品交付链

---

① 美国陆军坦克及机动车辆司令部(TACOM)研发的"移动零件医院"(MPH)快速制造系统(RMS)采用了直接金属沉积模块,能够根据需求对前线战场破损失效的武器装备零部件进行及时快速修复,使这些装备零部件迅速恢复正常运行,或是利用工程和制造数据的数据库快速进行金属零部件的直接制造。

接起来,实施计划管理;费用建模与投资回报率(ROI)研究等。

美国海军陆战队(USMC)还运用3D系统公司的相关技术,支持人员将新技术用于改善物流和供应链响应能力。3D系统公司还帮助开发应用增材制造技术(AM)的快速响应团队。美国海军陆战队(USMC)的工程师使用3D选择性激光烧结(SLS)技术和直接金属印刷技术修复多用途战术机器人的两个关键部分,该机器人用于清理直升机降落前热着陆区存在的潜在障碍。3D系统公司已经对国防部的联合攻击战斗机和T-Hawk无人微型飞行器,以及医疗设备快速成型等项目和应用提供支持。

虽然增材制造技术在零部件修复与加工方面有其特有的优势,但要进一步扩展其产业应用空间,也面临着诸多瓶颈和挑战。①设备及材料价格偏高,批量生产不具有成本优势。设备和材料价格高,导致增材制造产品的成本较高,而且相比传统制造的大批量生产能够显著降低产品成本而言,增材制造产品单位成本与产量无关,因此通常情况下增材制造的批量生产并不具有成本优势。②相比传统加工,当前增材制造使用材料的品种还非常有限,不能满足产品的多样化需求。目前应用于增材制造的材料比较有限,特别是当前可真正用于直接制造产品的塑料和金属材料还非常有限,大部分可用材料还是应用于制造模型样件或模具来简化研制生产环节。而且当前大型增材制造设备商如美国Stratasy、3D系统、德国EOS等公司开发的材料多为自己公司设备产品专用,而专门进行增材制造材料开发的公司刚刚出现。增材制造材料的发展,总体上还处于起步阶段。③金属增材制造零件精度与铸件相当,无法与切削加工零件相媲美。④金属增材制造产品质量一致性和稳定性还有待进一步提高。金属增材制造零件通常由无数微米级的焊珠堆积而成,即使采用常见和可信的合金,增材过程产生的材料也具有很多不同的"微结构",因此制成的零件具有不同的属性和行为,而采用传统方法制造的相同零件的属性和行为则是可以预测的。当前即使是同样设备和材料的增材制造产品,批次间变异性也是不确定的,导致增材制造产品检验需要通过低效和重复的反复测试,带来大量的成本和时间的消耗。因此,尽管增材制造技术是具有变革意义的一种先进技术,有很多传统技术所不具备的重要功能和优势,其在应用中还是有其适用范围的,但随着该技术的逐步成熟,其必将极大促进装备保障的发展。

第二节　加快发展维修保障装备

维修保障装备是指完成武器装备的维护保养、抢救、修理、故障检测诊断及器材供应等任务的设备、仪器、工具、系统的总称。维修保障装备通常由野战抢救装备、野战修理装备、故障检测与诊断装备和技术保障机器人等构成。配套的维修保障装备是保证优质高效完成维修保障任务的物质基础。从当前情况来看，各主要军事国家的军队均根据自身的装备维修保障任务需求，发展性能先进的保障装备。

一、野战抢救抢修装备

野战抢救抢修装备是指装有专用救援设备的履带式或轮式装甲车辆，主要用于野战条件下对遇险、战伤和发生技术故障的坦克装甲车辆实施抢救、牵引到前方维修站或牵引后送，必要时也可用于排除路障和挖掘掩体等。车上关键设备是吊车和绞盘。由于近年外军普遍推行换件修理，特别是当更换如发动机、炮塔或传动系统等大件时，吊车成了必不可少的设备。为此，不少国家在发展新型抢救车时，都考虑到留出一定位置，让抢救车辆携带上一些必要的焊接、切割等修理设备，有的还携带了部分关键备件，使抢救车同时具备抢救回收和换件修理两种功能，这样便出现了抢救/修理两用车。

（一）美国

美国的野战抢救抢修装备主要有M88A2"大力士"坦克抢救修复车、M113A1/A1型抢救修理车、AAVR7A1突击两栖抢救车等。

M88A2"大力士"是当今世界最重和能力最强的装甲抢救车之一。M88的发展可追溯到20世纪70年代，经历了1977年的M88A1装甲抢救车，原型车是1961年由M48和M60"巴顿"坦克演变而来。该装甲抢救车是美国陆军能独立抢救"艾布拉姆斯"主战坦克的装备。M88A2"大力士"坦克抢救修复车用于执行对60t级装甲战斗车辆的拖救、修理、起吊和牵引等抢救修复任务。M88A2以M88A1的底盘为基础，动力装置采用了泰莱达因·大陆汽车公司的AVDS-1790-8DR 12风冷柴油机，功率/转速可达772kW/2400r/min，配装XT1410-SA传动装置。该车最大公路速度可达48.3km/h，最大行驶里程可达

483km。该车配装的吊车起吊质量可达25~35t。主绞盘钢丝绳长为85.3m,最大拉力可达622kN,能够完成拖拉70t重的M1"艾布拉姆斯"主战坦克的保障任务。辅助绞盘钢丝绳长61m,最大拉力可达26.7kN。该车能通过31°的斜坡,可跨越宽2.6m的壕沟和高1.1m的垂直墙。该车长8.58m,宽3.66m,高3.14m,车底距地高0.41m。

M113A1/A1型抢救修理车采用M113装甲人员输送车底盘,车体全部由铝甲板焊接而成,配备P30型液压绞盘、2个独立式驻锄、1台300-H型最大起吊质量为1361kg的手动液压吊车,携带3挺M2式12.7mm勃朗宁机枪。

AAVR7A1突击两栖抢救车由履带登陆抢救车(LvTR7)发展而成。该车具有两栖能力,靠车后两侧的喷水推进器做水上行驶。配备液压吊车、最大拉力为133kN的绞盘、压气机、交流电机、工作台、焊接设备和全套工具。

(二)俄罗斯

俄罗斯的野战抢救装备主要包括MTP-A2.2-000抢救车、MTII技术保障车、装甲抢救修理车等。

MTP-A2.2-000抢救车,采用KAMAZ-43118底盘,装载质量为13360kg,配备IM-95固定液压伸缩吊臂、装载平台、特殊液压设备、绞盘、牵引装置、供电电源、焊接设备、手动电工、润滑油/燃料加注设备、电气测量仪器、辅助器具等。主要用于执行保养、拖救、修理、起吊以及特殊用途车辆(如UAZ、GAZ、Z1L、MAZ等16t车辆)的抢救任务。主要功能包括:①可以进行拖救、起重、装载和牵引操作;②可以进行润滑剂燃料加注、设备的安装/拆卸、维修钳工、电工、焊接等操作。

MTII技术保障车用于抢救和修理装甲人员输送车和步兵战车等一线车辆,可为加油卡车难以到达的前线部队运送燃油,同时还可以实现保养维护功能。该车采用装甲人员输送车底盘,配备了A型框架式吊车、液压钢绳绞盘、千斤顶举重装置、氧气瓶、牵引装置、木楔、水上打捞设备以及钢和铝的气焊和氧乙炔切割设备。

BREM-80U装甲抢救与修理车是由俄罗斯运输机械设计制造局研制的以T-80U主战坦克底盘为基础的抢救修理车辆。该车保留了T-80U坦克所具有的单位功率、运动速度和越障能力,并提高了专用设备的性能。其主绞盘额定牵引力为343kN,使用滑轮组时最大牵引力为1372kN,牵引绳打开速度为50m/min,绳索缠绕速度有2种,分别为17m/min和50m/min。由于该车具有两种绳索缠绕速度,并且其中一种速度是另一种的3倍,从而提高了性能并减少了燃油消耗和抢救轻型车辆的时间。该车辅助纹盘的拉力提高到9.8kN,扩大了使用范围。摇臂吊车的起吊质量提高到18t,再加上新结构的起吊臂,使其能够吊起满载弹药的炮塔。BREM-80U装甲抢救与修理车有4名乘员:车长、机械师兼驾驶员、装配钳工和电焊工。此外,它还备有一个附加座椅,可以再容纳一名专家或从战场上撤离的伤员。车内装有空调设备。车上装有修理T-80U主战坦克的备件和修理工具,并有自备电源供电焊设备使用。自备电源由一台18kW的辅助燃气轮机提供动力,从而降低了燃油消耗并提高了主发动机的使用寿命。为了保护路面,该车可安装挂胶履带。车辆的自卫武器包括1挺12.7mm高射机枪、4支AKS-47突击步枪、RPG-7反坦克火箭筒和照明弹发射枪。该车在战场上通过发射烟幕弹来隐蔽自己。

BREM-1M装甲修理抢救车(ARRV)由俄罗斯乌拉尔机车车辆厂研制,主要用于保障外销的T-90系列主战坦克。BREM-IM装甲修理抢救车采用T-90和出口型T-90S底盘。BREM-1M装甲修理抢救车的典型任务包括抢救受损车辆、承担小修理工作以及进行关键系统的替换(如成套的车辆动力组件)。以T-90S主战坦克底盘为基础的BREM-1M装甲修理抢救车与T-90S防护水平相当。BREM-1M装甲修理抢救车的底盘为焊接钢装甲结构,驾驶员座椅位于车前部中间位置,当车辆轧过反坦克地雷时能增强驾驶员的生存能力。当BREM-1M装甲修理抢救车的绞盘和吊车工作时安装在车前部的液动推土铲对车辆进行稳定,还可准备战斗阵地和清除障碍。位于车体左侧的吊车,不需要时横放在车体的左侧。BREM-1M装甲修理抢救车共有3个绞盘,分别为主绞盘、辅助绞盘和牵引绞盘。车载专用设备包括电焊设备和液压千斤顶。装备的12.7mm机枪用于防空和自卫。BREM-IM装甲修理抢救车还装配有三防系统和夜间驾驶设备。

(三)英国

英国野战抢救装备的突出代表是MARRS标准组件式装甲抢救车。该车由维克斯防务系统公司研制,装备有吊车塔、吊车和推土铲。吊车塔可装在M47、M48、T-54、T-55等坦克炮塔座圈上,车内乘员4人。该车装甲可防护12.7mm枪弹和炮弹破片。吊车塔靠液压传动,可做360°旋转。主绞盘配有长120m的钢丝绳,拉力为50t,配用滑轮组时,拉力可达100t。辅助绞盘用于收放主绞盘的钢丝绳,当配用滑轮组时,其拉力为1.5t。安装在车体前部的A形吊杆起吊质量为25t,推土铲可用作驻锄。该车辅助设备有压缩机和焊接设备。此外,该车还装有机枪塔、烟幕弹发射器、过滤通风装置和灭火装置。

英国陆军的"挑战者"装甲抢修车主要用于战车的战场抢修。它与"挑战者"Ⅱ型主战坦克有许多通用部件,包括发动机、汽车数字系统控制设备、主传动装置、悬挂装置、履带和导向轮等。该车在海湾战争中对英军车辆的抢修起到了积极的作用。

英国制造的FV434履带式装甲修理保养车是专门用于战场修理的装甲车辆,在机械上大体与FV432相同,是专门为满足英国军队在战场上修理和保养步兵战车的需要而设计的。在FV434保养车顶的右侧,装有液压吊车,该吊臂可吊起"奇伏坦"坦克的动力装置或炮管。

(四)德国

德国制造的"豹"Ⅱ装甲抢救车专门用于在战场上抢修主战坦克和其他装甲车。该车采用"豹"式坦克底盘,去掉坦克炮塔后,上部安装了低矮的矩形车厢、旋转吊车和推土铲。吊车的主要作用之一是用来吊换发动机,更换发动机时间不超过30min。

MAN SX 45型8×8轮式重型抢救车由德国MAN公司制造。该车安装了该公司与克劳斯-玛菲·魏格曼公司联合研制的模块化装甲人员防护组件"集成装甲舱"(IAC)。这套装甲可以为卡车驾驶室提供3级弹道防护和反坦克地雷爆炸防护,具有安装简便、防护全面,并且对车辆原有功能无影响的性能特点。此外,该车还安装有3个罗茨勒(Rotzler)液压绞盘(分别为主绞盘、辅助绞盘和自救绞盘),1台遥控操作液压起重机。该车还可以根据需要,在车顶上方安装烟幕弹发射器、机枪或自动榴弹发射器,以提高自卫能力。

"野狗"2战场抢救车是由克劳斯-玛菲·魏格曼公司研制的装甲保障车,具备高机动能力和较好的防护能力。该车基于"乌尼莫格"底盘,采用6×6配置,有3名乘员,重17.5t,能够空运;如同其他"野狗"2变型车,该车易于操作、维修和训练;装备10t液压抢救绞盘,能够抢救同吨位系列的任何车型;车后安装后视摄像机系统,提高了乘员的态势感知能力;具备较高的防护能力,防护水平如同其他"野狗"2变型车;装备克劳斯-玛菲·魏格曼公司的FLW 100轻型遥控武器站。

重型战术抢救车(HTRV)由德国-莱茵金属·曼军用车辆公司(RMMV)于2011年研制,该车采用8×8型SX45全机动载重卡车底盘,可防简易爆炸装置。该车具有优越的越野性能,可同时采用多种抢救方式,包括悬浮、支撑(吊运)牵引方式,采用车轮格栅(车轮下)和吊轴(抢救吊索眼)配置形式。该车的抢救系统装有1个可连续旋转的起重臂,2台Hz090独立鼓式绞盘装于起重臂上,用于提升、牵引和扶正车辆。抢救系统还装有罗茨勒公司的"特雷布马蒂克"(Treibmatic)TR200主抢救绞盘,其单股钢丝绳牵引力可达25t(双股钢丝绳牵引力达50t)。该车的整个抢救系统可通过一个单一遥控装置进行操作,简化了操作步骤,减少了操作时间。驾驶舱还附设有一个用于自卫的武器站,并且该车还拥有多个用于存放附加设备的储物箱。该车抢救组件可在-35℃~49℃环境下工作,其底盘工作温度则可降至-46℃。该车完全符合电磁干扰(EMI)/电磁兼容性(EMC)标准。SX45全机动载重卡车底盘为焊接封闭式箱体结构,车体前部装有螺旋形弹簧悬挂装置,后部装有HEPLEX油气悬挂装置,与常规的弹簧减震式底盘相比,这种底盘结构可确保最佳悬挂行驶和高速越野机动性,平衡车架载荷。该抢救车最大涉水深度为1.5m。

(五)印度

WZT-4装甲抢救车是波兰兵器综合贸易公司为印度"阿琼"主战坦克提供的新型装甲抢救车。该车重45t,有4名乘员,其为WZT-3装甲抢救车的重大改进型车。该车采用735kW发动机和自动变速箱组合而成的转向轮控制式动力组件,最大公路速度为65km/h。WZT-4的起重机设置在车首右侧顶部以便于操作,主液压绞盘拥有200m长的钢丝绳,单股钢丝绳可产生300kN(30t)的拉力(但要利用滑轮组),最大牵引力为90t(WZT-3最大牵引力为84t)。WZT-4还配有1个牵引力为2t的辅助绞盘,其钢丝绳长400m,该车起重机吊臂最长可达8m,最短可缩至5.8m,可360°旋转,最大起重量为20t。该车可配备宽3.605m的推土铲,带有侧向凸块,其稳定掘进深度可达0.225m。

WZT-4还配置有1个16.1kW的"眼镜蛇"(KOBRA)辅助动力装置、1个供空调系统使用的8kW电源、1套混合式GPS/惯性导航系统、2台无线电收发报机及1个车内通话器。其他任务设备还包括1挺12.7mm重机枪、光电/红外传感器、三防装置、烟幕施放装置及灭火抑爆系统。

二、野战修理装备

野战修理装备主要用于野战条件下对于战伤和发生技术故障的装备实施前方修理,主要包括轮式修理工程车、修理方舱、修理挂车/半挂车、履带式装甲修理车等类型。

(一)美国

1.野战修理车

美军野战修理车是战场环境下执行修理任务的主要装备,主要包括履带式修理车和轮式修理车两种。美军野战修理车具有以下特点:①标准化程度高。野战修理车底盘型号多与现役主战车型相配套,既提高了同型伴随保障的能力,又便于战时维修备件的供应。②功能完备。野战修理车除具备修理能力外,还具有吊装、牵引、人员救护、发电等功能,使修理车既能完成发动机、车厢等总成的修理,还能实施车辆抢救与后送。③信息化程度高。美军野战修理车多配备GPS、远程故障诊断系统和随车故障诊断系统,不仅提高了装备维修作业能力,还使装备融入整个作战体系之中,有效提升了装备保障能力。

2.野战修理方舱

野战修理方舱是一种在集装箱和厢式活动房基础上发展起来的新型野战机动修理设备。它既是修理机具与工具的储运容器,又是车载设备的作业场所。修理方舱具有规格统一、标准规范、无须挂车、储运方便等优点。方舱平时可在库内长期战备封存,管理与保养十分方便,一直受到军队运输和后勤保障部门的青睐。

美军的修理方舱发展已经很成熟。目前,美军机械化步兵师、快速反应师都装备了包括S-250型、S-280型修理方舱和GMS-341型系列修理方舱等。这些方舱主要用于电子设备、车辆和军械等装备的维修。

3.修理挂车/半挂车

修理挂车/半挂车与车辆装备配合构成的运输与机动平台,被广泛用于维修设备运输、备件补充等任务中。随着战术车辆的发展,美军挂车系列也得到了完善。美军挂车发展主要有以下特点:①挂车吨级系列比较完善,编配比例较高。美军编配的全挂车有12个系列,半挂车有17个系列,共117种,约20万余辆,可分为15个吨级,吨级覆盖范围为0.75~70t。②通用程度高,模块化设计提高了保障能力。由于挂车与战术车辆配套发展,使挂车通用化程度较高。③性能优异,信息化程度高。美军发展的FTTS配套挂车除采用ABS、中央充放气系统外,还安装C⁴I系统。另外,挂车还具备了短距离自驱动行驶、故障自检测和状态自动监控等能力。修理挂车/半挂车是汽车式修理工程车的重要补充,它可节约运载车辆,比较机动灵活,在公路发达地区使用较多,是野战修理装备中一个不可分割的重要组成部分。

(二) 俄罗斯

俄罗斯典型的野战修理装备是MTo-AM2.3维修车。MTo-AM2.3维修车用来对KAMAZ多用途车辆实施日常维护和例行维修。MTo-AM2.3维修车具有检测、维修、保养、校准等诸多功能,具体包括:①可以进行起吊和移动、电焊操作、组装/拆解工具和替换操作;②可以进行铅蓄电池充电、涂漆、清洁、润滑剂的灌装、车辆管体/轮胎的保养和维修;③可以进行问题诊断、电气设备的检测、维修和校准等其他操作维护和日常维修。

MTo-AM2.3维修车采用KAMAZ-43118底盘,K5350S(K5350C)方舱,配备电焊设备、焊接整流器、检测设备、发电机、蓄电池充电设备、手动电动钻孔机、手动角向磨光机、喷油器测试和调整设备、吊床、臂式起重机、砂轮机、各种零配件和手工工具等。

(三) 英国

1. 车载式修理方舱

车载式修理方舱是英国军队的主要维修装备之一。由于具有通用性、系列化的特点,可在陆军各兵种内通用。它不只限于专业技术修理,还可用于组件装运等。该系列方舱由铝合金材料制成,质量较轻,且在极端温度条件下可为人员和设备提供良好的工作条件。方舱为密闭型,内装空气调节系统和核、生、化防护系统。此系列方舱可由各种汽车平台装运,在必要条件下,也可卸下来作为固定式方舱使用。该系列方舱装有车床、铣床、电瓶充电设备,以及各种零配件和手工工具,主要用作喷油嘴修理间、机动车修理间、机加工车间等。

2. 修理挂车

为加强部队的车辆修理工作,便于修理作业,英国还研制生产和装备了各种军用修理挂车,用于装运各种修理组件,或装载一个轻型修理间。修理间采用钢制底座,底座上安装有工具柜、维修设备和工具。另外还有一个折叠式工作台、一个吊架、密闭式工作灯和电控机构以及一顶可随时架设的帐篷。

三、故障检测与诊断装备

信息化战争所使用的装备是集多项高技术的复合体,结构复杂,自动化程度高,其本身的维护和修理难度大,加之信息化战争对装备的损伤大,破坏机理由硬摧毁发展为软杀伤与硬摧毁相结合的多样化综合破坏,更加大了装备的维修保障难度。因此,客观上需要自动、快速、准确的故障检测诊断手段和能力为装备维修保障提供有力支持。科学技术的发展,特别是微电子技术、计算机技术、传感器技术和人工智能技术等的发展,促进了故障诊断与检测设备的发展。为满足装备维修保障需求,各国均下大力研制了各种故障诊断与检测设备。目前,故障诊断与检测设备均已在各国装备保障建设中得到广泛应用。

(一)美国

系列化综合检测设备,是美国陆军于1996年研制成功的支持各级对各种装备进行故障诊断和修理的最新综合测试设备。该设备由巡回检测设备、基地修理间测试设备、民用等效设备、电气修理方舱及光电测试设备5个部分组成。巡回检测设备是一种便携式诊断测试设备,可将内嵌式测试设备的系统故障隔离能力扩大到外场可更换单元,可对武器系统数据总线进行侵入式诊断,并可运行交互式电子技术手册。基地修理间测试设备包括测试设备和陆军标准方舱。民用等效设备具有与基地修理间测试设备相同的功能,采用民用等效设备,在基地级装备修理厂使用。电气修理方舱用于测试和修理印制电路板,并可进行直接支援维修保障。

嵌入式传感器计算机集中控制故障诊断设备是一种先进的机内测试与综合诊断设备。它将传感器、激励器和微处理器制成单片电路联合体,形成一种闭合回路的传感器装置植入某种装备上,用于采集装备状态监测与故障诊断信息,并将这些信息输入中央计算机,利用人工智能与专家系统进行数据处理,对装备实现实时的状态显示、故障告警和自动诊断与隔离故障,以及自动制定维修保障计划。这类新型的综合诊断系统可大大提高装备的维修保障能力,目前已在美军的F-22、B-2等军用飞机及155mm自行榴弹炮等装备上使用。

（二）英国

英国非常重视发展综合自动检测和诊断设备，即将各种有效的检测诊断方法，如声、振测试和分析技术、测温技术、油液分析技术、应力、应变测试技术、无损检测技术等综合在一起，给出装备性能的综合判据。例如，BAE系统公司为英军研制的车辆平台内的嵌入式故障诊断系统，其各种组成单元都是由许多便于取下和更换的部件组成，每个部件都是由便于拆卸的电子插件板组成，检测工作很方便。

四、技术保障机器人

技术保障机器人作为武器装备保障领域的一支新军，其巨大的军事潜力、超人的技术保障作业效能，预示着它在未来的战争舞台上是一支不可忽视的军事力量。目前主要有下列几种机器人用于装备保障方面。

（1）维修机器人。外军已在维修领域大量使用机器人。如美国空军利用机器人擦拭、喷涂小型火箭和飞机部件，可节省50%的涂料和77%的擦拭剂。利用门架式机器人喷涂F-4型飞机的迷彩，由人工喷涂时的16h缩短到2.5h。

（2）排爆机器人。以色列与美国共同研制了排爆机器人遥控车的系列产品。以色列陆军装备的TSR-50履带式机器人小型遥控车，除用于排除恐怖分子放置的炸弹以外，还可用于军械拆卸、回收等任务。

（3）装卸机器人。1996年，由日本制造的无人堆垛机问世。该机装有高灵敏传感器存取装置，该装置加装机器人手臂可三维定向运动，具有故障自检诊断功能，可防碰撞。由于采用自我姿态控制技术、声检技术及人工智能化系统，使无人堆垛机能在5s内精确判断数种零部件中任意一件的坐标位置，并快速自动地将部件取出或入库。在此基础上，日本又开发出的新型货物装卸机器人，其装卸能力比原有机器人的工效提高2.5倍。只要事先在计算机中输入货物大小、品名、编号及条形码，机器人就可以自动计算出最有效的装卸位置来安排作业。

第三节　加快发展维修保障系统

科技革命的深入发展及由此而催生的信息化战争形态的诞生，推动着武器装备信息化水平的不断提升。装备发展的信息化要求同时牵引着维修保障的信息化。维修保障信息系统是实现维修保障信息有序流动和高效使用的重要载体,是推进维修保障信息化建设的重要物质基础。加强装备维修保障领域的信息化建设,研制与开发各种装备维修保障系统,已成为当今世界各国加强装备维修保障能力建设的重要着力点之一。

一、维修管理信息系统

装备维修信息管理系统是借助现代计算机网络技术和数据库技术对装备维修信息实施科学管理的信息系统。信息、光电、自动化等先进技术的广泛应用,致使武器装备的维修工作越发复杂。应对装备维修工作面临的新形势,做好装备的维修工作,外军研制开发了一系列维修管理信息系统,大大提高了武器装备的完好率和战备水平。

(一)美国

随着武器装备的发展,装备保障信息在维修保障活动中的地位和作用日趋突出,及时、准确、完整地收集、处理、传递装备维修保障信息,已成为提高维修保障效率、赢得战争胜利的重要因素。美国陆军自20世纪70年代就开始研制各种维修管理系统,最上层是国防部的维修管理信息系统,中层是军种一级的维修管理信息系统,最下层是部队的维修信息收集系统,各种信息系统都有明确的适用范围。美军各军种都建立了内部的装备维修信息系统,汇集和管理部队装备维修的原始数据,供军种装备司令部使用。美国陆军标准维修信息系统,可接收由维修报告和管理系统服务的世界各地大约300个维修机构的输入数据,并为陆军器材部所属各局整理这些信息,为维修工程、样品数据收集、装备构形和修改的作业分配控制以及其他许多用途提供信息。美国空军使用的维修管理信息系统包括可靠性与维修性信息系统、核心自动化维修系统、使用和保障费用收集与管理系统、运输机的核心自动化维修系统等。

(二)法国

法军的维修信息管理系统,是一个总体系统,可在平时、战时和危急时,在司令部机关以及演习和对外作战中使用。适合于合成部队或多国部队中维修作业的指挥控制,可对普通武器装备和复杂武器系统的1~3级维修进行指挥控制。该系统在各个控制区域内设有信息设备、计算机数据库或通信服务系统、装有窗口办公软件的计算机、印刷系统和具有维修功能的 SIMAT 软件系统等。该系统的控制级为团级至总参谋部级,可对各团装备器材连、团及团以上直接支援与装备保障指挥机构、中央支援与装备保障机构实施维修管理和保障控制。该系统结构严密,综合化程度高,有充分发挥装备保障系统综合保障效能、优化执行功能,为维修的经济管理和监督管理提供管理措施等优点。

(三)日本

日本海上自卫队建设的"保障情报信息系统",由后方保障系统、装备系统和业务系统组成,主要用于控制与指挥海上自卫队装备的采购、补给与维修业务;陆上自卫队建立的现代化维修管理信息系统,用于掌握主要装备的维修状况和信息,制订和管理装备更新与维修计划等;空中自卫队建立的维修管理信息系统,用于掌握和控制维修中限时技术规程的状况、现有飞机状况,以及飞行后的维修管理、机身结构安全管理和地面通信设备的维修管理等。

二、远程维修系统

(一)美国

美国的远程维修系统计划始于 1993 年 2 月,该计划启动时的名称是"传感器人工智能通信一体化维修系统(SACIMS)"。目前,远程维修系统包括视频辅助修理系统、士兵支援网络、佩戴式计算机系统以及带诊断软件的传感器人工智能通信一体化维修系统,将来还可能增加其他组件。

视频辅助修理系统能增强一线部队维修诊断能力,可在修理人员和专家之间提供一种有效的双向视频/音频联系,使前方修理人员与后续支援基地间保持无线音频、视频信号及数据资料通信。系统接通后,修理人员还可拨号进入陆军军械/化学品采购和后勤机构的士兵支援网络,利用该网络对武器装备的运行状况做出正确评估,同时可对武器系统故障做出预测。

佩戴式计算机系统由单兵携带在腰部,系统中配备有小型万用表和示波器,能对装备进行故障诊断,数字式摄像机可将被修部件的图像传输出去,以获取后方的技术指导。

远程维修系统主要由 1 台小型摄像机和 1 个带试探电极的调制解调器组

成。系统通过电话或通信卫星把故障设备的线路图或故障指示器的信息发送到指定的维修中心,试探电极把测得的有关故障处的电压等数据传送给维修中心的技术人员,维修中心技术人员对所获数据进行分析后,便可告知前方维修人员应对故障装备什么部位进行调整或修理。

在伊拉克战争中,美军利用卫星、网络等信息技术,将战场上损坏装备的详细情况,实时传给后方技术保障部门,由后方维修专家提出维修建议或维修方案,快速进行维修。以美国海军"林肯"号航空母舰战斗群为例,通过已部署的"远程技术保障系统"可以和美国圣迭哥的舰船技术保障中心、弗吉尼亚州诺福克的海军综合呼叫中心及海军海上系统司令部保持联系,实现了远程维修保障,具备了远程维修保障能力。同时,五角大楼的后勤专家也通过先进的通信网络对前方的陆军士兵进行坦克维修指导,从而减少了机械的故障率,保障了部队的前进速度。

(二) 德国

德国陆军的"远程维修系统"主要包括5个模块。

(1) 模块1中的1A是"监测和预测"模块。该模块是车辆上的一个车载诊断装置,包括一个车辆内置的显示和控制单元,用于监控和显示车辆当前的运行状态。模块提供了启动预防性维修措施的指示器,并能够进行内部测试,从而可以开展预防性维修和以可靠性为中心的维修,提高系统的可用性。模块1B也依赖车辆诊断装置提供的信息,使操作人员能够直接从系统维修军士那里获得遥测技术支持。这些数据将会被存储起来,作为制作电子版装备寿命周期文件的基础性资料来使用。

(2) 模块2使武器系统维修军士能够通过现场故障诊断完成远程保障任务,使远方维修基地内的维修人员能够提供远程支持,包括提供专家指导。这个模块能够完成故障设备的快速损伤评估和修复时间估计,可提高维修现场的决策效率。

(3) 模块3把"远程维修系统"从战术层面到技术服务平台层面的用户连接起来。根据实际情况,有可能需要进行语音和数据通信。

(4) 模块4允许国内保障基地建立可供用户使用的保障知识数据库。这个模块为操作人员、区域抢修人员和企业人员提供了一个中心接口功能。

(5) 模块5是一个综合演示平台,连接其他所有模块。这个演示模块旨在深入了解用户对未来远程维修系统基本功能的要求。

三、单兵维修系统

随着科学技术的迅猛发展,计算机控制和信息处理技术已广泛应用到装备故障诊断、维修信息获取及处理等方面,由此而造成在维修过程中维修人员因操作计算机上的鼠标和键盘而使双手无法得到解放;以往的计算机系统无法兼顾多个维修人员共同工作时,所期待的维修信息的实时访问、信息共享、实时交流、协同配合、远程咨询等问题;复杂化的武器装备导致了装备维修任务的复杂化,维修人员亟须方便查阅各类冗长技术数据的方法。为此,单兵维修系统应运而生。

(一)"马甲"形计算机维修保障系统(MARSS)

"马甲"形计算机维修保障系统是一种根据人体背部线形设计的、可以穿在身上的声控多媒体计算机。该系统由硬件和软件组成。硬件主要包括音频/视像子系统、CPU主板、可更换电池组单元、模块化的个人计算机存储卡(PCMCIA)磁盘、射频(RF)通信装置5个部分。软件包括可与DOS及WINDOWS相兼容的所有软件,主要有WINDOWS操作系统、使用者/武器系统界面软件、综合诊断及修理信息系统(IDRIS)等。

(二)维修用"腰挎式"计算机

这是美军开发的一种质量仅1.6kg的"腰挎式"计算机系统,其信息存储量相当于2m高的技术资料的内容,用于辅助单兵对装备进行维修保障。该系统可佩戴在工作人员腰间,它由一个4A6SK处理器、4兆字节~16兆字节内存、2个PCMCIA扩展槽、一个105兆字节PCMCIA硬盘和一个小型转球式鼠标或戴在手腕上的键盘组成。VGA显示器安装在头盔或头带上,它显示技术手册中常见的文字资料和图表等。装在头带上的监视器正好在眼睛的下方。该系统由美国海军开发,将作为未来士兵计划的一部分,还将用于主战坦克和直升机维修、紧急救护等任务。

第六章
主要军事国家装备保障手段建设的特点与经验

为做到与武器装备发展相匹配,近年来,世界各国都加大了装备保障手段的建设力度。各国装备保障手段的发展状况,不仅可以折射出保障手段建设所特有的一些规律和特点,而且也为后发国家提供了有益的经验。"它山之石,可以攻玉。"深入分析国外装备保障手段建设的特点与经验,对我军充分发挥后发优势、推进装备保障手段又好又快发展具有重要的理论和实践价值。

第一节 主要军事国家装备保障手段的建设特点

高技术武器装备势必由高技术保障手段来加以保障,保障手段是装备保障的决定性物质基础。随着世界新军事变革进程的深度推进,世界各国都在积极研制和开发各种新型保障装备和设备,以适应高技术武器装备的发展和现代战争的需求。以美军为例,其为形成装备整体保障能力,发展了种类齐全、功能配套的保障手段。从总体上看,世界主要军事国家的装备保障手段建设具有以下特点。

一、注重保障手段发展的规划计划引领

为促进保障手段科学协调发展,外军十分重视保障手段发展的规划计划引领作用。①制定保障手段与作战装备的统一发展计划。为使保障装备与作战装备同步发展,功能上相互衔接、相互补充,发挥整体作战能力,外军在制定装备发展规划和计划时,始终坚持以系统化思想为指导,将各类保障手段发展纳入到整个装备发展计划中。②制定关键性保障装备的发展计划。外军十分重视研制关键性的保障装备,并制定出科学合理的发展计划。为保证21世纪部

队所需各类后勤装备均衡协调发展,美国陆军推出了21世纪战斗勤务保障装备主计划。③制定装备保障技术发展计划。装备保障技术具有综合性、多学科性、边缘性、军民通用性等特点,各国军队高度重视制定装备保障技术发展规划、计划。如美国在《国防技术领域计划》的"材料与工艺"技术领域中,与装备保障技术有关的项目就有"作战人员和作战系统用于常规武器的防护材料""延长陈旧系统使用寿命的材料与工艺"等。

二、注重提高保障装备的机动和防护能力

总体上看,在保障装备建设过程中,世界各国都在努力提高保障装备的机动能力、防护能力和综合保障能力,研制和发展具备隐身能力的保障装备,以改变保障装备在几乎完全透明的战场环境下易受攻击的状况。

外军认为,保障装备的机动能力不仅是重要的保障力,而且也是战斗力。基于这种认识,世界各国都很重视提高保障装备的机动性。俄罗斯军队的保障装备已基本实现了摩托化与机械化。日本自卫队在发展车辆保障装备时,特别注意提高其机动能力与远程保障能力。如日本自卫队1993年装备的高机动性车辆采用了四冲程水冷柴油发动机,不仅发动机功率大,而且能在任何路面上行驶,具有良好的机动性能。此外,其采用的轮胎被子弹击穿后也能行走,更加强化了该车的机动性能。美军更是强调提高保障装备的机动性,其大多数野战抢修装备都采用了和主战装备相类似的底盘,具有和主战装备相类似的机械化水平。例如,美军在20世纪90年代之后就对轮式车辆进行了换代,新的修理车辆使用了自动变速器、轮胎中央充放气装置、轴间差速器、新式风冷柴油发动机及深水涉渡装置,越野机动性丝毫不逊色于主战车辆。同时,美军还采用直升机实施装备物资补给和伤员后送,使装备物资运输走向集装化,装备物资装卸走向自动化。

为提高保障装备的生存能力,外军在改进现有保障装备、研制新保障装备时越来越重视提高保障装备本身的防护能力。如美军为满足战场对后勤保障的需要,研制了后勤支援装甲车辆,包括前沿阵地弹药补给车、油料补给车、装甲修理车以及装甲救护车等。日本自卫队的新一代车辆保障装备上大都装有防护装甲,使其具备一定的抗击轻武器打击能力。在今后发展中,外军还将普遍采用隐身技术,包括反雷达探测隐身技术、反红外探测隐身技术、电子屏蔽技术和反声波探测隐身技术等,以提高车辆保障装备的抗侦察能力。同时,日本

自卫队还不断改进车辆保障装备的快速维修和后送系统,以便在战场上最大限度地保全和恢复运力。英军将"全维防护"放在发展保障装备的首要位置。"全维防护"即指化学、生物、放射性和核防护。英军在改进现有保障装备、研制新保障装备时,越来越重视提高保障装备本身的防护能力。如英军非常重视将部队的车载式保障装备装甲化,并加强驾驶室的密封性能,安装通风滤毒装置,以提高"三防"能力。

三、注重提高保障装备的信息化和智能化水平

进入21世纪,随着以电子计算机为核心的数字编码、数字压缩、数字调制和解调等高技术的迅猛发展,数字化信息技术在军事领域得到广泛应用,使得保障信息的获取、显示、存储、处理以及保障工作更为方便、快捷、精确和可靠,并达到了实时化的程度。基于此,主要军事国家的装备保障手段建设都朝着信息化、智能化的方向发展。

近年来,美军在战场抢修装备上逐步应用了信息技术,配备了自动化控制系统,使战场抢修装备具备了联网能力,并应用了交互式电子技术手册。随着信息技术应用的日益广泛,未来战场抢修装备的信息化水平还将进一步提高。

重点开发各种嵌入式智能故障诊断设备。这些设备不仅能自动监测武器系统的运行参数,还能自动生成检测报告,并实时完成故障检测和隔离。近年来,在国防部自动测试系统执行委员会的指导下,美军各军种都提出了自动测试系统现代化计划,并结合微电子技术、计算机技术、传感器技术、信息处理技术、人工智能等高新技术,发展集故障检测、诊断、隔离等功能于一身的一体化自动测试系统,旨在提高故障检测与诊断的自动化与智能化水平,最终实现提高装备战备完好性的目标。这一发展动向在美军第四代战斗机上表现尤为突出[①]。

[①]美军第四代战斗机(F-22A"猛禽"和F-35"联合攻击战斗机")代表了世界上战斗机的最高水平。这些飞机开发项目中的一项重要内容就是大量采用以现代信息技术为代表的高新技术,开发由机载测试与诊断系统和地面维修与保障系统组成的一体化测试系统。其特点是飞机上各系统的测试与诊断功能不再由各自独立的机内测试设备完成,而是把机内所有测试设备融合成为一体,提高飞机快速出动能力,减少地面保障设备,并能够对飞机各系统进行实时监控。第四代战斗机一体化测试系统的使用,将显著节省人力、降低使用和保障费用。根据美国空军的估算,维修人力、时间和费用的节省幅度都将达到90%以上,此外,还可大大节省训练工具的开发费用和人员训练费用。

发展以网络为中心的维修。以网络为中心的维修,其实质就是最大限度地利用互联网和军用通信网络,使维修机构和维修人员能够通过安全的网络化设施解决装备的维修问题,达到降低维修费用、提高维修效率的效果。按照美国海军的规划,以网络为中心的维修系统将具备5种能力:①远程诊断能力。从远方的地点向潜艇上的故障诊断子系统发出指令,运行系统级/子系统级的诊断程序,通过远程诊断可以获得有关潜艇故障的大量信息,专家可根据这些信息提出切实可行的解决方案。②预防性维修的远程准备能力。从远方地点对潜艇上出现故障的子系统开展维修前的准备工作(主要是检查),以方便预防性维修过程的实施。③远程测试和鉴定能力。使用现代信息技术,从远方地点对潜艇上的子系统进行测试和鉴定。④远程下载软件的能力。通过网络向潜艇提供软件更新服务,以支持潜艇上的设备安装和改进工作。⑤远程维护"潜艇配置数据库"的能力。利用潜艇上安装的摄像机拍摄所有系统和设备的数字图像,利用软件确定出这些数字图像的实际尺度。这些信息通过网络直接传输到岸上维修中心的"潜艇配置数据库"中。美国海军计划分阶段发展以网络为中心的维修系统,该系统不仅应用于潜艇,将来还要应用于美国海军的水面舰艇、飞机和各种武器系统。

随着战场威胁的日益增大,为尽可能保护保障人员的安全,美军越来越意识到发展智能化"机器人"保障装备的必要性和紧迫性,在现有基础上,其将来还会在装备保障领域广泛应用"机器人"信息技术,开发更多的智能保障装备。

随着无人驾驶多功能保障装备车和机器人步兵支援系统的问世,美军还提出了无人驾驶运输机计划。这些无人驾驶运输装备能利用复杂的传感器系统来捕捉路面或航道信息,并传输给导航系统,能自动规避障碍。

随着人工智能技术的不断发展,未来保障装备的信息化、智能化水平将会有更大幅度提升。

四、注重保障装备的通用化、标准化、模块化、综合化

为提高保障设备的适用性,跟上装备更新步伐,外军非常重视发展多功能、高效率、综合性强的通用保障装备。通用保障装备的特点是研制经费少、研制周期短、维修和使用方便性好。美军的高机动多用途轮式车辆就是这一思想的具体体现,它除了担负运输功能之外,还可胜任其他方面的任务。俄罗斯也特

别强调保障装备底盘型号的通用性和系列化,其在装备建设发展和军事技术保障政策上的基本原则之一,就是底盘要"少而精",这样可以减少因型号繁杂、通用性差等问题带来的影响。

保障装备标准化也是一个重要的发展方向。因为标准化的保障装备可以显著降低开发费用和寿命周期内的使用保障费用。目前,美国国防部《自动检测设备投资策略》及陆军的《自动测试设备政策》都要求采用标准化的自动测试设备。美国国防部指令DOD 5000系列及陆军有关政策都要求开发者必须采用标准化的测试设备,以满足武器装备的测试要求。

模块化是指在设备研制时立足于现有要求和技术水平,但在功能和技术上要留有充分余地,以给设备功能的进一步扩展和技术更新做好准备,一旦时机成熟,即可适时将扩充功能和新技术引入系统中,使设备能够随技术更新而逐步升级。美军结合自身装备特点,积极推进保障装备的模块化。在一定范围内,美军通过对不同功能或功能相近,但性能不同、规格不同的设备模块进行功能分析,划分并设计出一系列标准功能模块,通过标准功能模块的选择和组合,构成新的设备模块,满足信息化装备的不同需求,促进信息化装备之间的互联、互通。

综合化是指利用系统工程方法,通过权衡分析,把与保障有关的新工艺、新技术和新方法等有机融合在一起,研制出多功能的综合保障设备。美军认为,由于现代战争全纵深、高机动的特点,保障装备必须具备伴随作战部队独立实施综合保障的能力,客观上要求保障装备实现多功能化。为此,美军紧跟信息技术发展的浪潮,广泛吸收先进的科技成果,并将这些成果集成到保障装备上,不断扩充保障装备的整体功能。如美军非常重视开发的综合自动检测和诊断设备,就是将目前各种有效的检测诊断方法,如声、振测试和分析技术、测温技术、油液分析技术、应力、应变测试技术、无损检测技术等综合在一起,而研制出的能够给出装备性能综合判据的保障装备。

英国在装备保障手段建设中,也把通用化、系列化、标准化摆在了突出位置。特别是近年来,其一改过去按专业保障的思想开发保障装备的思路,着力开发通用化、系列化的保障装备,以减少保障装备种类。如在野战抢救、修理保障装备发展中,其通过广泛采用民用车辆设计方案和总成、部件,提高车辆的通用化程度,改善车辆的可靠性、无故障性和维修性指标。另外,为提高新一代保障装备的标准化、系列化程度,其还制定了许多标准、规范,使保障装备的发展有章可循、有规可依。

五、注重保障装备与作战装备的同步协调发展

随着军事技术的迅猛发展,新型装备对保障装备的依赖性越来越强。要充分发挥作战装备的效能,就必须重视发展与之配套的保障装备,使保障装备的整体保障能力与部队作战能力相适应。为此,在保障装备建设中,外军普遍遵循系统化的思想,着眼装备体系建设,利用主战装备的成熟技术,同步研发保障装备,以确保主战装备形成战斗力的同时也同步形成保障能力。

(1)科学整体规划,在设计、研发和生产武器系统时,就将可靠性、维修性等保障因素作为重要指标给予通盘考虑,做到保障装备与主战装备同步列装。美军运用系统工程方法,统一筹划保障装备和作战装备建设。美军在《陆军转型路线图》中,规定了陆军目标部队、过渡部队和传统部队三类部队应达到的转型目标,不仅包括作战装备的研制、生产、采购计划,还对保障装备的发展做出了规划和计划。美国海军在《21世纪装备发展计划》中,就明确规定,在发展两栖作战舰船的同时,也将建造"圣安东尼奥"级两栖船坞运输舰,从而确保了保障装备与作战装备的协调发展。美国陆军第四机械化步兵师就运用"整套配发"的方法,实现了主战装备与保障装备的一次列装到位;日本自卫队的90式装甲抢修车与90式主战坦克也是同时列装部队的;美国在研制"艾布拉姆斯"装甲抢救车(ARV-90)的过程中,就直接采用了M1A1主战坦克的底盘和其动力传动系统。

(2)严格列装机制。美军对武器装备论证、研制、定型、生产、列装、使用、维修、淘汰的全寿命过程进行总体规划,明确规定在对装备进行设计、生产的同时,必须要进行配套的保障装备的设计、生产,并要求保障装备不配套的作战装备不得列装部队。从机制上,确保了保障装备与作战装备的协调发展。如美军向旅级部队配发"21世纪部队旅和旅以下单位作战指挥系统"的同时,也向部队配发了保障指挥模块。

(3)将保障手段嵌入主战装备,使其成为主战装备的一部分。随着检测诊断技术的发展,保障手段与作战装备的融合更加紧密,并已成为诸多武器平台的重要组成部分。美军的许多武器平台,如M1A1主战坦克、"阿帕奇"

直升机等,在生产时均安装了嵌入式故障诊断设备。另外,美军的"斯特赖克"战车也是作战装备与保障装备一体化设计的典范。该战车是一种轮式车辆,具有自监测和自报告的功能。"斯特赖克"战车车载系统中与保障有关的装备主要包括:①信息类装备,如陆军全球作战支援系统接口、支持维修管理(故障排除、零件订购)的逻辑乘法硬件(膝上电脑)、监测(故障处理)文件生成与报告系统、交互式电子技术手册等。②嵌入式故障诊断和预测装备,可对车辆传动系统、轮胎等进行监测、监控和诊断。③消耗品补给需求及人员健康状态监测系统。该系统由各种传感器、识别器材、应用软件组成,主要由水状态、燃料状态、弹药状态、乘员生存状态、补给状态、乘员位置、乘员健康状态监控系统组成。与作战装备同步发展保障手段,可避免装备研制与保障建设相脱节的现象,是装备保障能力建设的有效举措。促进保障装备与作战装备同步匹配、协调发展,强调两者的统一,已成为当今世界主要军事国家的共识。

六、注重保障装备平台间的网络化

除注重单体保障装备的信息化、智能化建设之外,外军还非常重视保障装备平台之间的互联互通,以通过实时传输和共享各种保障信息达到一体化指挥控制的目的。其具体途径就是通过开发各种保障指挥控制系统,利用纵横贯通的指挥通信网络,将各个保障平台连接起来。以美军为例,为促进保障装备平台之间的互联互通,在战略级,美军主要通过三大网络系统(即全球作战保障系统、联合全资产可视系统、全球运输网系统等)实施装备保障与指挥。这三大系统通过国防信息系统网连为一体,从而实现系统间的信息共享。在战区级,美国陆军主要依靠作战勤务保障控制系统实施保障指挥与管理,该系统作为一个决策支持系统,主要用于对战区后勤提供自动化支援,帮助后勤人员制定保障计划,收集、储存和管理重要的后勤保障信息等。在战术级,美国陆军主要利用21世纪旅和旅以下部队作战指挥系统中的后勤模块,实施战场上的后勤指挥控制,并通过战术作战信息网络系统把各种信息化后勤保障装备连为一体。

另外,后勤指挥控制系统在连接各个保障平台及保障单元的基础上,还将与作战指挥系统全面集成,共享最新的作战信息,实时接受作战指挥官的后勤指令,实现后勤保障与作战行动的无缝衔接与一体联动。近年来,为充分发挥保障力量在战争中的作用,提高战时装备保障的实时性和精确性,美军在重视保障指挥自动化系统开发、完善的同时,一直力图实现保障指挥系统与作战指挥系统的一体化。如美国陆军把用于战区内保障指挥的"战斗勤务保障控制系统"纳入"陆军战术指挥控制系统"中,有效地缓解了作战与保障不能同步的问题。目前,美军正在根据伊拉克战争中暴露出来的问题,对保障指挥系统与作战指挥系统的结合问题开展进一步的研究,预计在不久的将来,保障指挥系统将成为整个作战指挥控制系统的有机组成部分,最终实现作战指挥和保障指挥的高度一体化。

第二节 主要军事国家装备保障手段建设的经验

综观各主要军事国家装备保障手段的发展现状,可以看出,虽然各主要军事国家装备保障手段建设的重点和种类不尽相同,但仍有共同的经验可以遵循。主要表现为以下几点。

一、需求牵引,明确装备保障手段的建设方向

需求牵引是各国装备保障手段建设发展的逻辑起点。这里,保障手段的发展不仅是保障转型需求牵引的结果,更是作战需求牵引的结果,其中作战需求是保障手段发展的起始点,其加速了包括保障手段在内的新军事技术和武器装备的诞生。从各国装备保障手段的建设规划方面来看,各国不仅着眼其"近期需求",同时也不忘其面临的"长远威胁",大多都秉承着"远近兼顾"的原则,明确装备保障手段的建设发展方向。美军在这方面的做法:①不单独制定军队装备保障手段建设的发展规划,而是将其纳入军队建设的总体规划之中;②时间跨度长,一般都在10年以上,甚至20~30年;③"滚动制定",每隔几年就修订1次,把规划不断推向未来。印度的装备保障手段建设也是紧紧瞄准需求,其针对中印边界地区高山陡峻、沟谷纵横、地形复杂、路况较差、高山缺氧、气候多变的环境特点,着眼作战需求,考虑到高山地区装备损坏率高的情况,着力发展了适应这一地形和气候特点的国产汽车和技术保障装备,以确保备件供应及对主战装备的技术保障。

二、研改结合,提升装备保障手段的建设效益

研改结合,就是着眼未来作战的装备保障需求,通过超前性理论研究,对发展潜力大、研制周期长、具有较大转型能力的保障装备进行重点研究,以期为装备保障转型提供物质和技术方面的支持。与此同时,还通过提高通用性、机动性、防护能力等,对部队在役的保障装备进行现代化改造。

英国在《保障装备发展战略》中提到,要"不断推进保障装备现代化,通过改进采办的能力、再投资和淘汰老旧装备,满足当前和未来的能力需求"。其中,"采办改进的能力",是指对现役装备的升级和改进,再投资则是指通过对现有装备进行"翻新"和"有选择的升级",使其满足战备要求并达到"零时间零里程"的新装备标准,也属于装备升级改造的一个方面。此外,英军还提出要开展保障装备升级改造过程中的成本效益分析,为装备的升级改造提供决策支撑。例如,对所开展的新型地面保障车辆研制项目,英军明确要求该车必须为未来升级改造预留充分余地。此外,很多新近装备部队的车辆保障装备也都被纳入升级改造的计划之列,这充分反映出英军的升级改造已不仅仅是针对现役的老旧装备,而是已经延伸扩展到了所有装备,升级改造已成为英军推动保障装备发展的重要手段。

美军也高度重视保障装备的改造工作,仅其陆军列入改造项目的保障装备就包括 M992 野战炮兵弹药补给车、M113 履带式装甲车、重型宽体机动战术卡车、M88A1/A2"大力神"抢修车、AN/ASM-190 电子检修方舱、高机动性多用途轮式车等。

为提高保障装备的整体质量,日本自卫队在积极发展新装备的同时,也非常注意应用新技术改进现役的老旧装备,以提高车辆保障装备的机动能力和防护能力。

三、军民一体,夯实装备保障手段的建设基础

军用技术与民用技术的融合发展,既夯实了装备保障手段建设的技术基础,也为装备保障手段快速发展创造了机遇。正是基于这样的时代背景,"以商促军""以民带军""军商结合",充分"利用商业革命的成果",发展装备保障手段,已成为世界各国的共识。

日本自卫队在研制新装备时,对军内有能力承担的科研项目,由自身的技术研究部门承担;对军内无能力承担的科研项目,一律委托给地方的力量来完成。日本防卫厅规定,凡是地方科研机构进行的基础研究,军内就不再予以研究;凡能委托给地方开发的项目,军方就不再开发。正是在这一规定之下,日本自卫队在发展车辆保障装备时,往往是通过大量采购民用品或实行租赁制,来满足军内多方面的需要。

印度政府也非常重视让私有企业参与军事装备生产和零部件的供应问题。印度国防部曾在1993—1994年度报告中明确提出,政府允许私有资本以独资、合资和参股形式进入国防生产领域,私营企业可以在公平竞争的基础上同国营军工企业竞争军品合同,如果私营企业具备了一些军事装备生产能力,政府则不再单独另组建生产线。

四、借用外力,助推装备保障手段的建设进程

日本自卫队认为,自主研制和引进技术的有机结合,不仅可以最大限度地节约有限资金,而且可以有重点地满足保障转型对装备建设的要求,还可以根据军事转型发展的状况,及时调整和改变保障装备建设的重点。在车辆保障装备的发展与现代化建设进程中,日本自卫队就采取了引进技术与自主研制相结合的方针。对于国外已经定型和批量生产且自己需求量少的车辆保障装备,日本自卫队多半以引进成品为主;而对于那些本国既有设计与生产能力,又有高技术优势,且军事保密级别要求较高的车辆保障装备,则以国内自行研制为主。由于电子技术是现代武器和车辆保障装备的关键技术,各国控制都比较严,而日本电子工业发达,技术力量雄厚,在这个领域,日本自卫队始终以自行研制为主,其成功研制了各种车辆保障装备管理信息系统及故障检测诊断设备。

印度也坚持"以我为主、两条腿走路"的发展路子,其认为,引进是借鉴手段,仿制是权宜之计,自制方为最终目标。正是基于这样的战略意图,为尽快提高自行研制的水平,印度先从国外引进先进技术,通过掌握消化技术,然后加以改进创新、进行仿制,以便最终走上自行设计、研制、生产的道路。印度以BMP-2型车底盘为基础,研制出的装甲抢修车就是很好的例证。同时,针对大部分武器装备是从国外(主要是俄罗斯)引进或许可证生产的情况,为解决因零部件供应不上造成装备严重失修的问题,印度在注重引进国外装备的同时,也

积极争取引进装备的维修保障线。如2000年上半年,印度在与俄罗斯签订引进350辆T-90坦克的合同中,也包含了引进其维修生产线的内容,旨在利用俄罗斯的全套技术与设备实现全面的技术支援。

第三节　主要军事国家装备保障手段的发展趋势

随着新军事变革进程的深度推进,主要军事国家着眼未来作战需求,纷纷加大了军队现代化建设力度,极大促进了本国装备的发展,同时也使保障手段呈现出新的发展局面。从近年的情况看,未来装备保障手段发展将呈现以下趋势。

一、保障装备与作战装备的发展更加协调匹配

外军认为,在未来战争中,要充分发挥武器装备的作战效能,就必须重视发展与之配套的各种保障装备,使保障装备的保障能力与部队作战能力相适应。今后,外军在发展未来作战装备的同时也将会加大对保障装备的研发投入,使保障装备与作战装备更好地协调、匹配发展。①在未来武器装备的研制过程中通盘考虑装备保障问题。美军为目标部队研制的"未来作战系统"装备中,就已经既包括武器平台,也包括机动保障平台如后送车、抢修车、无人驾驶车等装备。②将某些保障装备与作战装备设计在一起,使其成为作战装备不可缺少的组成部分。美军将继续把高技术运用于复杂、尖端武器系统上,研制出武器系统的自我控制、自我防护、维修装置。这种运用先进的电子技术、传感技术、微电子技术研制的自检装备是装备系统的有机组成部分,其运用原理和功能与其他修理装备完全相同,不同点是其成为装备系统的一部分,与装备本身的结合更紧密。如美军的嵌入式故障诊断设备,就是把以计算机芯片为基础的诊断设备嵌入装备系统或其部件内部。在美军装备发展计划中,已明确要求未来开发的高技术装备必须采用内置式或嵌入式自我检测、诊断设备,要使之成为未来数字化战场装备维修的重要手段。

二、信息技术在装备保障手段建设中的运用将更加广泛

保障转型的最终结果是保障形态的转变,即由机械化保障转变为信息化保

障。为此,在今后相当长的一段时间内,外军将继续加大信息技术在保障领域中的应用,以提高保障手段的信息化水平,为装备保障转型奠定基础。

(1) 信息技术将逐步成为装备保障系统的主要技术支撑。随着信息技术在军事领域的广泛应用,不仅武器装备作战能力的提高越来越依赖于信息要素,而且装备保障能力的提高也将由主要依赖于机械能的发挥转变为主要依赖于利用信息技术获取、传递和处理装备保障活动中的实时信息,以及利用上述信息为部队提供更有效的保障上来;保障技术的发展重点也将转移到如何利用信息技术改革保障指挥管理和增强保障手段效能上来。

(2) 信息化的保障装备将成为保障手段的主导成分。武器装备的信息化发展对装备保障手段建设提出了新的要求,随着大批量信息化装备的列装部队,信息化、智能化保障装备将成为发展重点,并将成为保障手段的主导成分。首先,为保障装备加装信息处理装置,使之与各种信息网络联为一体。美军所提出的"聚焦后勤"能力是通过一种实时的、基于网络的信息系统实现的。这种系统能有效地把各种保障要素联系起来,提供全资产可视性,从而向作战人员提供各种保障。其次,使信息化保障装备与信息化作战装备紧密融为一体。美军数字化师第4机步师所有武器平台和后勤保障车辆均安装了FBCB2系统。通过"作战信息网络——战术"系统把前方作战部队和后方指挥部的作战指挥信息集成在一起,实现了全方位的信息共享。最后,加强人工智能技术在装备保障上应用,加速发展无人操纵保障装备。外军在积极研制用于物资搬运、油料补给、弹药装填、自动修理的保障机器人,以及用于保障指挥的智能系统等。为减轻作战部队单兵负荷,提高后勤保障效能,美国陆军研制了包括无人驾驶多功能通用/后勤装备车和机器人步兵支援系统在内的一系列先进的智能化、信息化保障装备。

(3) 信息管理将成为保障管理的主要任务。随着信息要素在保障活动中地位和作用的与日俱增,保障活动中的信息管理不仅变得越来越重要,而且其工作量也将越来越大。保障管理将转变为一个依靠计算机网络的配送系统,其工作重点也将从管理库存转变为管理整个补给链条的信息。

三、保障手段的通用化、模块化、多功能化程度将会进一步提高

现代战争对保障装备综合保障能力的要求越来越高,而提高保障装备的综

合保障能力不仅会减少其被部署的数量,而且还有利于对联合作战进行保障。保障手段的通用化,可以方便维修作业,减轻保障负担,降低维修费用;模块化,可实现组合灵活,展收方便,便于运输;多功能化,通过将多种功能集于一身,可大大减少保障手段的种类,并促进保障效能的极大提升。SoIAviTek 公司开发的"三军通用型 AMUTE 智能万用表"就是一典型案例。智能万用表是新一代的自动检测设备(ATE),它集成了多种仪器仪表的功能。它有标准的遥测缓冲单元(TBU)、标准的接口电缆、标准的终端业务系统(TBS)。AMUTE 智能万用表是一套通用设备,其连接器是兼容的,多种维修工作人员可以分享,具有即时的全球范围的跨军种的保障能力,便于跨军种支援。鉴于通用化、模块化和多功能化所具有的优势,在现代战争对装备综合保障需求日益凸显的大背景下,通用化、模块化和多功能化,必将成为未来装备保障手段的发展方向。

四、保障手段开发中将会更加注重新材料与新技术的应用

大量新材料、新技术在军事领域中的广泛应用,既促进了武器装备的迅猛发展,也为保障手段的更新换代带来了前所未有的发展机遇。一方面,新材料、新技术的发展在动摇保障手段建设所依存的原有物质和技术基础的同时,也为保障手段的升级换代奠定了新的根基;另一方面,现代战争所表现出的新特点,也对保障手段建设提出了更新要求。保障手段发展所要求的轻型化、智能化、防护性等新特性,都为新材料、新技术在保障手段开发中的应用提供了广阔空间。美军为大幅减少作战部队的装备保障需求,大力推进武器装备(含保障装备)轻量化,并通过使用质量更轻和使用时间更长的新型能源减轻部队的战时负荷。为此,着眼未来装备保障发展需求,新材料、新技术将会在今后保障手段的建设中得到更加广泛的应用。

五、保障装备的机动性能和防护性能将会更强

随着高新技术在军事领域的广泛应用,作为武器装备保障能力建设的重要物质基础——保障装备,必将随着科学技术的进步有更大发展。①保障装备的防护能力将得到注重和加强。为应对高技术战争的需要,不论是改进现有保障装备,还是研制新型保障装备,外军都把提高其防护能力作为考虑的重要因素。美军就曾明确指出:其新型装甲修理车必须能够为车内成员和设备提供有效的

装甲防护。另外,为防止敌方探测系统的侦察,外军还在保障装备研制中大量采用先进的"隐身"技术,如采用先进的防护涂料,或先进的反侦察技术手段等。②保障装备的机动性能将大为增强。现代战争战场转移快、机动范围广,保障装备只有具有较强的机动能力,才能顺利实施伴随保障和现场抢修。为此,外军不断采用新技术如应用混合动力技术、电控自动变速技术、防抱死制动技术、电子防碰撞技术、轮胎压力自动调节技术、发动机故障自动监测技术、发动机陶瓷绝热技术等开发和改造军用运输车辆,使车辆的机动性不断提高。可以肯定,机动能力将成为未来保障装备发展的一大亮点。关于这一点,美军已经对其保障车辆提出了要具有和被保障车辆相同的越野能力、行驶速度和防卫能力的要求。俄军对新一代军车研发也提出明确要求:①要成系列配套发展轻、中、重型车辆;②要提高车辆总成和部件通用化程度;③要具有较高的越野能力;④要更多采用模块化设计;⑤要重视车辆的防护能力。

第七章
对发展我国装备保障手段的建议

受客观历史条件和环境的制约,我军装备保障手段建设的整体水平不仅与西方发达国家相比存在差距,而且也远落后于主战装备的发展。主战装备"腿长"、保障手段"腿短"的局面,严重制约了主战装备作战性能的发挥。保障手段是保障能力形成与发展的物质和技术基础,是保障能力建设的重要切入点与着力点。抓保障手段建设,就是抓保障能力的形成与提升。随着"两成两力"建设的深入开展,我军装备保障手段建设取得了显著成绩,但就整体水平而言,保障手段建设仍处于机械化的初级阶段,不仅"通用化、野战化、系列化的问题尚未解决,而且与作战装备不配套的问题也依然存在。即使有些保障装备已配发到部队,但由于这些装备造价昂贵,配备数量有限,也还不能系统地形成保障能力。保障手段建设与现代战争对装备保障发展现实需求间的差距,极大地制约了装备保障力的生成与提升,影响了部队战斗力的提高。为此,探索装备保障手段发展的规律,加快保障手段建设步伐,既是提高装备保障能力的需要,也是信息化条件下加强打赢能力建设的关键性环节。

第一节 树立正确的发展理念,明确装备保障手段建设方向

科学技术的快速发展及其在军事领域的大量应用,不仅推动着高技术武器装备的不断出现,同时也为各类先进保障手段的开发与运用提供了可能。只有通过加强保障手段的技术创新,才能使保障力量与高技术武器装备配套发展,并在保障方式方法上不断升级改进,更好地满足未来作战的需求。

一、树立体系建设理念,促进保障手段配套建设、协调发展

保障手段建设必须树立体系建设的理念。具体说来,就是要坚持整体推进、协调发展,关照建设全局,关注各个子领域、各个子系统的建设。重点要处理好两个关系:①处理好"集优"与"补缺"的关系。"集优",是指融合既有保障能力好的方面,形成强者更强的局面;"补缺",是指加紧解决影响和制约保障能力提高的"瓶颈"以及体系保障能力建设中的"缺项"和"漏项"。无论是"集优"还是"补缺",都是体系保障能力建设的重要内容。加强"集优",可以加快保障能力建设进程,尽快地生成体系保障能力;抓紧"补缺",可以及时消除影响体系保障能力建设的不利因素,推进保障能力整体协调发展。我军装备保障手段建设,应一手抓"集优",一手抓"补缺",以"集优"带动"补缺",以"补缺"促进"集优",形成保障能力建设的良性循环。②处理好"单项"与"整体"的关系。保障手段建设必须处理好"单项"建设与"整体"建设的关系,把加强"单项"建设始终置于"整体"之中,适应"整体"发展的需要;同时,谋求"整体"发展,要充分考虑"单项"的功能,做到物尽其用。要杜绝只注重"单项"的性能指标,而忽视其在"整体"中功能发挥的现象,做到既重视单项和局部的改善,更注重整体和全局的提高,力求通过配套建设,促进保障能力建设协调发展。

保障手段建设要走配套建设、协调发展的路子。保障手段是用于武器装备系统抢救、检测、修理、供给和装备保障指挥等配套装备的总称,是武器装备系统的重要组成部分。保障手段与武器装备系统是一个相互关联、相互影响、相辅相成的有机整体,没有配套的保障手段,性能再好的武器系统也难以发挥应有的效能。随着现代军事技术的发展和高技术装备的大量涌现,武器装备对保障装备的依赖性越来越大,加强保障装备的配套建设,已成为各国军队的战略选择。除专用检测设备外,作为战场主要维修保障手段的维修工程车受到普遍重视。许多国家军队的装备维修工程车已形成装甲工程车、轮式工程车、抢救车、维修备件储运车和维修方舱五大系列,并按轻、中、重三种车型分别装备部队。近年来,美军非常注重保障装备的系列化、通用化、标准化建设,相继开发出MTML轻型维修/抢救装甲车、M1087维修工程车、M1074重型修理车、FRS-H前方重型维修工程车以及维修挂车/半挂车、修理方舱等。俄军也强调保障装备同作战装备协调配套发展,其修理工程车不仅有轻、中、大型之分,还有轮式

和履带式之别,同时编配有大量的修理挂车。除美国、俄罗斯外,英国、法国、德国等国军队也都采取各种有效措施,加速保障装备的配套建设,以适应未来高技术战争的需要。

二、树立信息力建设理念,推进保障手段信息化、智能化发展

物质、能量、信息,是战争形态演变发展的永恒主题,但在不同时期的作战能力生成与提高中分别扮演着不同的角色。机械化时代及其以前的战争,物质和能量是军队作战能力生成和提高的主角,只要军队有了"身强力壮""兵多将广""船坚炮利""器良技熟"等物质和能量优势,加上适当的谋略,就能打赢战争。随着军队信息化水平的提高,战争开始从以物质和能量为重心向以信息为重心转变,信息已成为一种重要的战略资源,信息与信息技术日益主导着作战能力的生成,信息力成为最核心的作战能力构成基本要素,也是生成体系能力的核心所在。为此,在装备保障手段建设中,必须坚持信息力是保障能力核心构成的观念,强化信息主导意识,突出信息力的建设。

针对我军装备保障手段建设现状及打赢未来信息化战争的装备保障需求,我军装备保障手段建设,要注重将现代信息技术广泛应用于保障装备、设备与设施等的建设,逐步实现保障手段的智能化、快速化、综合化和高机动性,重点是发展信息化的保障装备与设备。要充分运用信息技术,构建装备保障信息化平台,准确获取战时保障信息,实现保障系统内信息的互联、互通、互操作和无缝链接。要利用卫星定位系统,实现机动作战中车辆维修保障装备的跟踪定位和自主导航,提高机动和自我控制能力。要研制开发车辆装备远程可视诊断系统,实现车辆装备的远程可视保障。

第二节 着眼装备保障信息化建设目标,完善保障手段发展途径

保障手段信息化的建设方法和途径是多种多样的,既可对原来没有信息成分的保障手段进行信息成分的"贴花"和"嵌入"式改造,也可在保障手段的研制、生产和制造过程中加入信息成分,使其具有信息探测、传输、处理、控制等功能,还可利用"横向一体化技术"实现保障手段与信息网络的连接,从而提高保

障装备整体的信息化水平。

一、通过内部嵌入,提升现有单件保障装备的信息化程度

内部嵌入是指立足现有保障装备的结构,通过嵌入、融合信息技术或附加信息装置等,来提升保障装备的信息化程度,使其性能得到明显改善,功能有所增强,从而实现保障效能跃升的改造方法。

采用信息技术内部嵌入法来改造老旧装备,通常可节省 1/3~1/2 的费用,研制时间也可缩短一半以上,具有较高的效费比。特别是在我国综合国力还比较薄弱、军费供需矛盾短期内不可能缓解的情况下,利用内部嵌入法对我军现有单件保障装备的某些部件进行改造或更换,更应成为推进我军装备保障手段信息化建设的重要途径。

二、通过外部集成,提高现有保障装备群的信息化能力

外部集成,是指利用信息技术和横向一体化技术,将原本分立的保障装备或系统连接成一个新的更高层次的系统,使之产生其各要素或子系统处在分立状态时所不具备的性质,形成远远大于各个要素或子系统功能之和的新的整体功能,从而提高现有保障装备群的信息化能力。

外部集成通常有两种形式:一是通过将普通保障装备纳入信息化保障装备的系统效应之中,使其具有高技术作战能力;二是通过使用信息技术,将原本分立的现有保障装备或系统进行综合集成,提高保障装备群的信息化能力。尽管系统集成一直是我军建设的薄弱环节,但其所具有的涌现效应和我军装备保障能力建设的迫切需求,决定了其应成为我军装备保障能力建设的重要途径。

三、通过一步到位,研制信息化的新型保障装备

一步到位,是指对于新保障装备的研制,要完全摆脱传统保障装备设计思路的束缚,严格按照信息化的标准进行设计、研制和生产,使之跨越机械化阶段而直接实现信息化。

如果按部就班先完成机械化再推行信息化,将会永远处于落后的态势,而瞄准信息化,采取一步到位的方法,实现向信息化的直接跨越,则可极大缩小与发达国家间的差距。但由于保障装备信息化耗资多、周期长、难度大,在保障装

备的信息化建设方面,目前我们还不可能全面立项、遍地开花,只能有选择、有重点地进行研制攻关。要坚持"有所为、有所不为,有所赶、有所不赶"的策略,在密切跟踪世界新军事革命发展趋势的前提下,从国情和军情出发,集中力量,合力攻关,重点发展真正具有决定性意义的项目,以通过局部的跨越,促进整体的跃升。

四、通过借鉴引进,充分应用国外和民用的先进技术

借鉴引进,是指根据我军保障装备信息化建设的总体需求和发展规划,利用信息技术的通用性,通过对外军和民用先进技术现有产品的引进与吸收,提高保障装备的开发效益和发展速度。借鉴引进,是发展中国家谋求跨越式发展的有效途径,但采用借鉴引进,一般应注意以下几个方面的问题:①所引进的必须是能填补我军保障装备体系空白的关键技术和产品;②所引进的必须能提高我军保障装备的整体水平,并且具有可扩展性;③必须同时引进相应的配套系统,避免出现所引进产品不能充分发挥整体效能的现象;④要注重对先进生产线和管理技术的引进;⑤要注重引进过程中的消化、吸收和再创新工作。

第三节 加大高新技术应用力度,夯实装备保障手段发展基础

各种高新技术在军事领域的广泛运用,极大地促进了武器装备的发展,在提升武器装备作战能力的同时,也对武器装备保障建设提出了新需求。积极开发新技术并将其应用于装备保障领域,助推装备保障建设,已成为新形势下装备保障建设的现实需要。

一、加大信息技术在装备保障领域的应用

信息化是当今武器装备发展的主要趋势,也是维修保障技术发展的必然走向。随着信息技术的飞速发展以及在军事领域的广泛应用,利用当今快速发展的数字化通信、网络传输等信息技术来完善装备管理、改造现有的保障体系,已成为一种必然的发展方向。如美军 F-22 战斗机采用的交互式电子技术手册、"无纸化"维修车间、综合维修信息系统以及信息化备件供应系统等,就是应用

信息化技术的典型案例。通过交互式电子技术手册,维修人员可以快速存取技术数据,同时由于增加了专家故障诊断库,可以减少主装备所需的专用测试仪器,使得诊断工作简单易行,缩短了维修时间。美军开发的便携式单兵维修装备,可使得随行维修支援任务的士兵在前沿阵地就能对先进的战斗车辆和飞机进行检查,在有些情况下还可进行修理。在未来的装备保障建设中,信息化技术还将得到更为广泛的应用。

二、加大人工智能技术在装备保障领域的应用

计算机技术的发展促使人工智能技术在各种武器装备的发展中得到广泛应用。人工智能技术主要表现在三个方面:①检测诊断智能化。运用先进的模块化电子检测设备,可对不同装备进行自动检测;运用先进的无损检测设备,扩大检测范围,提高故障检测率。②维修决策智能化。利用装备维修保障专家系统,确定最佳维修途径和方法。③损伤修复智能化。综合运用表面工程技术、纳米技术与信息技术等,对损伤装备进行智能化修复。

采用专家系统进行故障诊断,是人工智能技术在维修领域最为广泛的应用。根据故障现象,利用汇集的维修领域专家知识和经验,建立计算机仿真系统或者专家系统,包括建立系统的仿真模型,实时采集信号,模拟系统运行状态,通过分析仿真结果来判断故障,或者建立故障特征综合库、知识库、推理机、解释机、维修策略信息库、人机交互系统等,或采用基于案例推理的方式,进行故障检测与诊断,以便为设备管理人员或维修人员提供故障检测与诊断的智能决策。在维修保障领域内,应用各种类型的故障诊断和维修专家系统,将有效减少故障诊断时间和维修人员数量。

智能化的故障诊断系统能够更加准确地指示故障发生的位置,使维修人员能够快速发现故障,缩短排除故障的时间。此外,智能诊断系统还具有"自我诊断"功能,可以及时发现诊断系统本身的故障,防止诊断系统因自身故障而给出错误信息。

智能化故障诊断具有以下优点:①故障诊断准确、快速。其通过建立仿真模型,或者快速搜索对比故障特征信息库、知识库,能够准确判断故障原因,快速利用维修策略信息排除故障。②智能化程度越来越高。由于知识运用得不足,传统故障诊断技术在处理结构复杂、深层次故障时显得力不从心,且传统技

术对操作人员的能力要求也较高。随着人工智能技术发展的渐趋成熟,推动了故障诊断技术走向智能化。

随着现代科学技术和智能化技术的发展,装备维修正朝着远程故障维修、分布式故障诊断、虚拟专家维修、便携式诊断仪、故障的预测预报和智能诊断决策支持系统等方向发展。鉴于装备保障发展的新趋向,加大人工智能技术在装备保障领域的开发与利用,逐步探索新形势下的装备维修保障新模式,更好地满足装备保障新需求,应成为当前装备保障建设的当务之急。

三、加大网络化技术在装备保障领域的应用

互联网的日益普及和相关技术的发展,对武器装备综合维修保障产生了重要影响,致使以网络为中心的维修已成为装备保障的重要方式。

以网络为中心的维修是指维修中心系统和武器装备系统组成一个以计算机为中心的信息网络体系,维修中心使用网络通信和视频测试技术来获取损坏设备的运行图像及相关数据、状态,并实时传送给维修中心的专家。专家们借助于武器装备上安装的状态检测传感器,在远端对存在故障隐患的装备或已发生故障的装备展开测试,并根据测试结果,通过电子邮件向装备系统操作人员或保障人员发出指令,提出排除隐患的方法或者解决故障的对策。

以网络为中心的维修技术,实质上是最大限度地利用互联网和军用通信网络,使维修机构和操作人员、各级维修人员能够通过安全的网络化设施,了解电子装备运行态势、交流维修信息、查找故障隐患、指挥与实施维修行动,解决武器装备维修中遇到的问题,以达到降低维修费用、提高维修效率的目的。

以网络为中心的维修具有以下优点:①能兼容预测性维修技术。这种维修方式可以监控设备运行状态,提前预测故障,将故障隐患消灭在萌芽状态。②能兼容远程维修技术。它可以在装备发生故障时,进行维修人员与远方人员或信息源之间的资料或信息的电子传输,以便外场维修人员根据装备远程实时传送的信息在装备执行任务返回之前及时准备好维修用的备件和工具,当装备返回时便可立即进行维修;或现场接受维修培训和指导。可以有效利用后方基地的专家系统和先进的故障诊断设备,通过信息传输系统,使前方维修人员能从后方获得技术指导和维修信息。③能有效进行故障检测。可以利用网络中心将不同电子装备上同一种设备状态信息集中在一起,形成一套数据监控系

统,实时分析对比,及时发现故障隐患,也可以在该装备发生故障时,对其他装备进行测试,以判断这些装备是否会出现同样的故障。④能最大限度地利用互联网或军用通信网络,实现远程诊断、远程测试和鉴定,及远程下载软件、提取装备数据、远程获取装备配置数据等。⑤能保证在第一时间完成高质量修理,并且在有效时间内通过分享经验而提高维修人员技术熟练水平,同时降低对培训的要求,从而显著减少装备在现场修理的时间和停用时间,提高装备完好性,降低使用与保障费用。

近年来,外军纷纷加大投资力度,更新和完善武器装备在使用、维修保障方面的信息系统建设,加强军方与研制生产方之间、军方各级部门之间、使用部门与维修部门之间的信息传递,加强装备使用情况、可靠性、维修保障的信息管理,为装备形成战斗力提供信息保障。如美军利用网络化技术,大力加强武器装备的维修保障信息系统建设。其装备维修信息系统包括三个层次,最下层是部队的维修信息收集系统,该系统负责汇集基层维修的基础数据;中层是军种一级的维修管理信息系统,具体由负责维修的业务部门管理;最上层是国防部的维修管理信息系统,主要接收各军种上报的维修信息及数据。美军已开发成功并投入使用的典型信息系统主要包括后勤保障指挥系统、运输补给自动化信息系统和维修自动化信息系统等,这些信息系统对于确保美军在全球范围内的兵力投送及其装备保障发挥了积极的作用。

四、加大远程支援技术在装备保障领域中的应用

远程支援技术是装备保障领域发展十分迅速的一项技术,是随着高技术装备的大量使用和计算机网络通信技术的不断发展而产生的一种先进的装备保障手段。它使前方维护人员与后方专家通过网络紧密联系在一起,能为武器装备的维护修理提供迅速、准确的技术指导。当维修人员遇到无法解决的问题时,可以通过互联网将装备的各种技术参数,传输给远方的技术专家,请求支援;远方的技术专家在进行分析研究后,迅速做出结论,并通过网络对前方的维修保障工作进行实时指导,协助前方人员迅速、准确地完成任务。应用这种技术,可以缩短受损装备的维修时间,能够大幅度提高武器装备的利用率。

随着高技术武器装备的大量服役,许多新型武器装备往往集多种高新技术、多种系统于一身,使武器装备保障的难度增大。装备保障不仅要解决大量

硬件技术问题,还要解决许多软件方面的技术难题。因此,仅仅依靠前方技术人员,完成修理的重任是十分困难和不现实的。即使受过良好专业训练的技术保障人员,对于一些装备保障中的实际问题,在有的情况下,其也难以准确及时地判断故障原因或确定最佳的修理方案,而往往需要花费相当长的时间对受损装备进行反复分析、检测,最后才能"确诊"。运用远程支援技术,可以使一线技术保障人员及时得到后方技术专家的指点,增强保障实力。在和平时期,远程支援技术还可使许多故障装备不必再逐级送修,或等待上级派人修理,便可提高武器装备的完好率,保证战备率,并节省大量维修经费。美军的远程维修系统就是几种先进技术系统的一个综合体,它可使装备修理和维修人员能够迅速获得急需的维修技术建议与相关信息,从而可大大提高作战部队的野战修理能力。目前,远程维修系统包括视频辅助修理系统、士兵支援网络、佩戴式计算机系统以及带诊断软件的传感器人工智能通信一体化维修系统,将来还可能增加其他组件。当前,远程支援技术不仅为一些发达国家的军队所广泛使用,甚至一些技术相对落后国家的军队也开始积极发展远程支援系统。

五、加大增材制造技术在装备保障领域中的应用

增材制造技术发展,使之在装备维修保障领域中日益得到实际应用:①用于在装备使用现场快速修复零部件或分系统。例如,美海军一架AV-8B飞机在航空母舰上进场着陆时,发生意外,导致局部结构损伤。为尽快修复,美军在现场采用3D立体CAD建模和增材制造技术进行结构补片制作,大约用了1周的周转时间就完成了修复。②用于在装备使用现场快速制造零部件,或生产需求量少、难以获取的零部件。增材制造不需要大量的模具、夹具、量具等工装,使需求量少的零部件生产成本大大降低并可缩短订货周转期。海军海上系统司令部水下作战中心采用增材制造技术进行了稀有零件的制作。一个案例就是潜艇武器系统的真空吸尘器转子。真空吸尘器转子是一种很难获取的零件,费用为19000美元,订货提前时间需要48周。美军采用逆向工程和建立的CAD模型,以14000美元的费用和提前8周的订货时间完成了该零件的制作。③用于提高产品的生产质量,扩展维修单位的制造能力。对于一些"奇形怪状"的零部件,采用传统制造方法难以或不能制造,而采用增材制造技术可以很方便地在现场制造完成。正是基于增材制造技术所具有的独特优势,其正成为支持装备

快速维修的重要手段,各国军队尤其是美军在这方面进行了大量的实践与尝试。为推动增材制造技术在装备维修保障中的应用,美国还专门成立了"美国制造"研究中心,作为增材制造的研发中心,同时明确了增材制造开发应用的总体构想,制定了采用增材制造的分阶段计划[①]。

我国武器装备的快速发展及完成新形势下使命任务的现实需要,也对装备保障建设提出了更高要求。加快推进新技术在装备保障领域的应用,既是我军提升装备保障能力的需要,也是夯实我军装备保障建设基础的有效手段。为此,当前应着力开展增材制造技术理论与实践问题研究,为我军装备保障能力的跃升奠定坚实的物质和技术基础。

第四节 瞄准装备保障现实需求,提高保障手段的战场适用性

一、统一技术标准,提高保障装备的"三化"水平

"三化"是通用化、系列化、组合化(又称模块化)的简称,属于标准化的范畴,是标准化的具体体现。运用"三化"思想进行产品的策划和开发具有明显的优势:降低研制和生产成本;提高产品可靠性;缩短产品研制开发周期,便于产品升级换代;显著提高产品质量;产品存储和服役时间明显增长;便于生产时元器件和原材料的准备;便于开展行业内的联合研制开发;便于售后服务和用户使用,提高效费比。在我国装备制造业内,"三化"的设计思想已逐步得到接受和认同,并在装备研制开发工作中有不同程度的体现,但从系统化和正规化的角度来讲,目前低层次和重复性工作仍然过多,距欧美等发达国家的水平还有很大差距。

随着我军武器装备的更新和高技术装备的大量涌现,保障装备建设已发展

---

① 诸如,美国陆军研究、研制与工程司令部就制定了5年为一阶段的增材制造技术计划,该计划分为三个阶段。第一阶段为2015—2019财年,实现零部件方案选择。主要内容包括:研究增材制造应用于快速部署,在装备使用场所制定零部件;增材制造用于工装和修理;传统生产的零部件以增材制造产品替代。第二阶段为2020—2024财年,实现工艺过程方案选择。主要内容包括:工艺过程替代,即以增材制造工艺替代传统工艺;主要部分将应用增材制造技术。第三阶段为2025—2029财年后,实现产品方案选择。主要是改进产品设计,即由面向传统制造转变为面向增材制造的产品设计;发展适于采用增材制造的新材料。

成为跨部门、多领域、面向诸军兵种综合应用的复杂系统工程。在这种情况下，统一技术标准，提高通用化、系列化、组合化水平，应成为谋取保障装备建设整体效益的重要支撑点。提高保障装备的"三化"水平，应主要着力做好以下三个方面的工作：①规范车型底盘、车厢形式与结构、配套机具设备及主要零部件，最大限度地扩大通用化单元的使用范围，提高其通用性。②统一论证选优，集中力量发展基本型，合理发展派生型，实现"一机多用""一机多型"，逐步形成满足多层次需要的车组系列和配套设备系列。③对配套的机工具和各种检测、加工、能源等设备，根据对外形与结构的需要做出统一技术规定，提高其组合功能，以便随着武器装备的发展进行改型或研制、组配新型保障装备。通过提高保障装备的"三化"水平，把保障装备的"三化"工作推向一个新阶段，对我军装备保障建设具有重要的作用和深远意义。

二、注重机动性和防护性，提高车辆保障装备的战场适应能力

信息化条件下，由于战场环境高度透明，致使机动车辆保障装备的生存难度增大，组织实施维修保障也变得异常困难，这就要求车辆保障装备要具有很强的战场适应能力。车辆保障装备的战场适应能力，是指车辆保障装备适应战场自然环境条件、战场情况变化和在保存自身前提下实施不间断保障的能力，包括良好的战术机动能力和良好的生存与防护能力。战术机动能力是指车辆保障装备能在任何地形、地面条件下行驶并能迅速改变运输速度和方向的能力。生存与防护能力是指装备在各类作战条件、各种作战样式和各种作战环境中防侦察、防袭击以及有效保存自己有生力量的能力。

当前，我军装备建设正面临着机械化与信息化复合推进的双重历史任务。我们必须紧紧抓住这一历史发展机遇，提升我军车辆保障装备的研制起点，在勇于借鉴外军有益做法的同时，结合我军实际，走积极引进消化关键技术与重视自主开发新技术的路子，推进车辆保障装备的跨跃式发展。具体的就是，在常规防护方面，一要考虑车辆保障装备的装甲化，二要在一些普通轮式维修车辆的关键部位采用高强度防弹材料以防止弹片和轻武器的攻击。在核、生、化防护方面，除为车辆保障装备配备必要的通用侦检、洗消器材外，还应注重提高装备的密封性。另外，为提高车辆保障装备的机动性，还可广泛使用轮胎中央充放气系统、轴间差速器技术等。

参考文献

[1] 总装备部综合计划部.信息化战争装备维修保障[M].北京:国防工业出版社,2007.

[2] 中国国防科技信息中心.在国防部维修重增材制造的机遇——2014年美国防部维修年会专题之四[G].装备维修保障动态,2015(6).

[3] 中国国防科技信息中心.重大的创意竞争——2014年美国防部维修年会专题之三[G].装备维修保障动态,2015(5).

[4] 雷亮.世界武器装备发展概论[M].北京:国防工业出版社,2017.

[5] 曹玉芬.国外陆军保障体制发展趋势研究[R].总装备部装甲兵装备技术研究所,2009.

[6] 陈军生,曹毅.现代局部战争装备运用与保障战例研究[M].北京:国防大学出版社,2018.

[7] 韩志杰.后勤装备技术保障[M].北京:海潮出版社,2010.

[8] 何嘉武,郭秋呈.伊拉克战争美军装备保障措施和特点[J].外国军事学术,2003(8):40-42.

[9] 冯保东,马俊文,黄艳松.状态维修技术在提升装备维修保障能力中的应用[J].四川兵工学报,2013(2):89-91.

[10] 许阳,王红星.美军装备维护保障技术的现状与发展[J].航空维修与工程,2009(3):19-21.

[11] 贾月岭,邱伟,周义建,等.信息化战争条件下的装备保障技术研究[J].2008(4):62-65.

[12] 杜胜亭,吕留记.武器装备维修保障技术发展的特点及趋势[J].科技研究,2007(5):28-29.

[13] 于中海.对推进装备保障方式变革的思考[J].装备,2012(5):37-39.

[14] 李广.关于推进通用装备保障信息化建设的战略思考[J].2008(2):73-75.

[15] 李春,高雪松.加强装备保障信息化建设的几点思考[J].通用装备保障,2006(7):10-11.

[16] 许则华,刘旭,杨进涛.美军弹药供应保障手段的发展及对我军的启示[J].装备学术,2011(4):79-80.

[17] 李文远,康小岐,等.推进保障手段信息化与作战手段信息化协调发展[J].后勤学术,2009(9):37-38.

[18] 总装备部技术基础管理中心.外军测试设备及测试技术的应用与发展[J].外军计量

动态专刊,2002(10).

[19] 彭瑾. 装备保障信息化建设浅谈[J]. 军民两用技术与产品,2009(9):3-5.

[20] 徐进军,丁友宝. 装备保障的信息化建设[J]. 科技信息,2009(27):429.

[21] 梁冬,陈爬轶,樊延平. 外军数字化部队装备保障探析与启示[J]. 2008(6):52-55.

[22] 栗琳,王绪智. 美军装备保障新理论新技术发展趋势[J]. 中国表面工程,2007(1):6-10.

[23] 孙万国,王学智,杜峰,等. 美陆军数字化部队装备保障特点及其启示[J]. 装甲兵工程学院学报,2010(6):17-22.

[24] 刘永远,郝富春,钟钧宇. 从伊拉克战争看信息化战争中武器装备的保障特点和规律[J]. 飞航导弹,2009(8):63-64.

[25] 甘茂治. 从年会看美国国防部维修[J]. 维修理论动态,2007(16).

第三篇

外军装备保障力量建设及借鉴

随着新军事变革进程的深度推进,世界各国武器装备现代化水平显著提高,相应地,各国的装备维修保障也遇到了前所未有的挑战。与以往相比,大量高新技术武器装备列装部队,不仅使装备维修保障需求迅猛增长,而且装备维修保障的需求结构也发生了根本性的变化,传统的装备维修保障力量结构与建设模式已难以匹配当今装备维修保障发展的新形势。因此,以提升装备维修保障能力为根本着眼点,世界各国纷纷加大了装备维修保障力量的建设力度。狠抓装备维修保障力量建设已成为当前主要军事国家装备维修保障能力建设的基本政策取向。

我国武器装备目前已步入发展的快车道。武器装备的快速发展对我军战斗力建设起到了极大的推动作用,但装备维修保障力量建设的相对滞后又成为影响和制约我军战斗力提升的"短板"。以维修保障力量建设为抓手,提升装备维修保障能力,既是促进武器装备健康发展的现实需要,也是推进我军战斗力建设的重要突破口。

近年来,外军在装备维修保障力量建设方面有许多有益做法,积累了丰富经验。研究外军装备维修保障力量的建设发展情况,对于正确把握我军装备维修保障力量建设的方向和重点,促进我军装备维修保障能力提升,具有积极的现实意义。着眼新形势下推进我军装备维修保障力量建设的现实需求,本部分系统分析了外军装备维修保障力量的内外结构、维修保障力量的训练与动员等方面的情况,旨在把握外军装备维修保障力量建设与发展的总体趋势,揭示其规律与特点,为我军装备维修保障力量建设提供借鉴和参考。

第八章
装备维修保障力量建设概述

装备维修保障力量,是从事装备维修保障活动的各种力量的统称。装备维修保障力量建设是装备保障建设的重要组成部分,是保持和提高装备维修保障能力的重要因素。随着现代科学技术的飞速发展,武器装备更新换代步伐在不断加快,技术含量也不断提高,尤其是进入21世纪以来,信息化武器装备已经成为世界各国军队武器装备发展的主旋律,面对信息化战争武器装备发展的新特点,加快维修保障力量建设已成为提高武器装备维修保障能力的迫切需要。

第一节 装备维修保障力量

装备维修保障力量构成,是指装备维修保障力量由哪些要素构成。分析装备维修保障力量构成,是科学指导装备维修保障力量建设的基础和前提,其不仅有助于我们准确把握装备维修保障力量建设的内涵,而且还可以帮助我们厘清建设的内容和重点。

一、装备维修保障力量内涵

对于装备维修保障力量这一概念,当前学界有不同的解释。一种是从广义的角度来定义装备维修保障力量的,其认为,装备维修保障力量不仅包括装备维修保障人员,同时也包括维修保障的设施设备。例如,"装备维修保障力量,是指从事装备维修保障活动的人员和用于装备维修保障的设施、设备等基本要素的组合""装备保障力量的构成要素,是随着科学技术的发展和经济实力的提高而不断变化的,但本质上,装备保障力量主要包含装备保障人员、装备维修器材、装备保障装备、装备保障设备设施等基本要素"。另一种观点则是从狭义的角度来定义装备维修保障力量的,其认为装备维修保障力量仅指装备维修保障人员。我们认为,保障设施、设备等物的要素属于保障资源的范畴,因此第一种观点严格说起来,更是对装备维修保障力量体系的说明。因此,我们在这里对装备维修保障力量的界定采用了第二种观点,即装备维修保障力量是对从事装备维修保障活动的各种力量的统称,通常指具体从事装备维修保障活动的各类人员,而不包含其他层面的要素。

装备维修保障人员,是为实施装备维修保障所编配的各种人员的统称。随着现代武器装备技术含量的不断提高以及武器装备更新换代步伐的加快,对装备维修保障力量的需求正在大幅增加。突出表现为:一是装备维修保障力量在军队总员额中所占比例日趋增大;二是地方直接或间接从事装备维修保障的人员在不断增加。

近年来,随着新军事变革进程的深度推进,各国武器装备建设均取得了长足发展,相应地,对装备维修保障力量也提出了新的更高要求。为适应武器装备维修保障的新需求,各主要军事国家着力加强了维修保障力量建设。但从总体上看,各国装备维修保障力量建设与科学技术的不断发展和本国经济实力的不断提高是相契合的。

二、装备维修保障力量划分

按不同的存在状态,可将装备维修保障力量划分为装备维修保障的常备力量、后备力量以及装备维修保障的潜在力量。

装备维修保障的常备力量,是指满足应急需要而处于常备状态的那一部分装备保障维修力量,是最基本的常备维修保障力量,也是保证核心维修保障能力的关键。世界各国军队的编制中都有自己完整的装备保障体系,一般由国防部抓总,三军各自组织自己的保障体系来对自身的行动实施保障。例如,美军的陆军师、团都有自己的保障队,这些分队有固定的编制。同类师、团的保障分队,其编制大体相同,他们负责向其属师、团提供直接支援。俄罗斯在国防部一级设有总装备部,在军、师、团各级也都设有相应的保障机构。

装备维修保障的后备力量,是相对于维修保障的常备力量而言的,是指常备力量以外的维修保障力量,主要包括预备役部队的维修保障力量、非编组的预备役人员和民兵力量[①]。《中国人民解放军军语》对后备力量的解释是:"国家常备军以外、经过动员后可以参战和直接支援作战的武装组织和人员。主要包括预备役部队、民兵和其他预备役的人员,以及经过训练的大、中学校学生。"

装备维修保障的潜在力量也称为装备维修保障的战时动员力量,即可利用的维修保障力量扣除预备力量后的剩余部分。随着装备维修保障需求的扩大,这部分力量将或多或少地由潜力状态向实力状态转化。装备维修保障的动员力量是将战争潜力转化为实力的基本保障,也是影响战争进程和结局的关键环节,是装备维修保障力量的重要组成部分。

第二节 装备维修保障力量建设

无论在冷兵器时期还是热兵器时期,以及当今的信息化时代,无一例外,都有装备维修保障力量建设的问题。不同之处就在于,在不同的时期,装备维修保障力量建设具有不同的时代内涵和重点。也就是说,装备维修保障力量建设既是一个老话题,也是一个常讲常新的话题。当前正处于战争形态由机械化战争向信息化战争转型的初期,武器装备越发呈现高技术化、集成化,装备损伤机理也越发复杂,维修保障难度日益增大,装备维修保障面临前所未有的挑战。着眼打赢信息化战争的装备维修保障需求,以维修保障力量建设为抓手,夯实装备维修保障能力建设的基础,既是新的时代背景下狠抓装备维修保障能力建

[①]预备役部队维修保障力量是指国家平时以预备役军人为基础、现役军人为骨干组建起来的战时转为现役部队维修保障力量的武装组织。美国、法国、以色列等许多国家,都把组建预备役部队视为增强军队后备力量的重要手段。美国的预备役部队,分为国民警卫队和联邦后卫队。国民警卫队是各州的地方武装,由陆军国民警卫队和空军国民警卫队组成。联邦后备队分为陆军、海军、空军和海军陆战队后备队,由现役部队领率机关领导和管理,装备齐全,训练严格,基本上和现役部队相同。非编组的预备役人员,是指经过预备役登记、个别补充的单个人员。这类人员,平时按规定参加必要的军事训练和各种活动;战时征召后,则根据作战需要补充到现役部队,遂行支援维修保障任务。目前,世界上有不少国家对简编的现役部队实行预编的组织形式。如俄罗斯,主要采用这种办法来满足战时简编师补充满员的需要。俄罗斯陆军师分为一、二、三类,其中第三类为非战备师,满员率仅为战时编制的5%~10%(约占陆军师总数的一半),使用前必须补充大量的预编人员,才能达到一类师的水平。民兵是不脱离生产的群众武装组织,是国家或政治集团的武装力量的组成部分,是常备军的助手和后备力量。世界许多国家都组建了民兵性质的群众武装。中国民兵是一支新型的人民群众武装组织,是人民军队的得力助手和强大后备力量,是国家武装力量的重要组成部分。

设的有效举措,也是提升装备维修保障能力的必然途径。

一、维修保障力量建设的涵义

装备维修保障力量建设,是指以提高装备维修保障力量的保障能力为根本目标而开展的各项工作的统称。对于这一定义,可以从以下三个方面加以理解:第一,保障力量建设以提高保障能力建设为根本目标。保障力量的根本职能,决定了保障力量的保障能力是根本能力,也决定了提高保障能力是保障力量建设的根本目标。第二,保障力量建设属于工作的范畴,包括多项建设内容。第三,保障力量建设有其自身的规律、特点和要求。不同国家的保障力量建设,同一国家不同时期的保障力量建设,由于使命任务、建设水平的差异,既有相同点,又有不同点,既有各国、各时期均应共同遵循的普遍规律,又有各个国家各个时期的特殊规律。

二、维修保障力量建设的地位作用

正确认识维修保障力量建设的地位与作用,对于研究维修保障力量建设理论、指导维修保障力量建设实践具有十分重要的现实意义和深远的历史意义。保障能力,是保障力量的核心价值指标。保障力量之所以有存在的必要并被人们所重视,主要原因就在于其具有的保障能力。保障力量要获得其应有的保障能力,根本途径和基本方法就是建设。无论过去、现在还是将来,保障力量的保障能力都不会自然而然地产生,都离不开建设。从一定意义上而言,建设是保障力量"保障能力之母"或者说是"保障力之母"。

(一)保障能力生成具有集成性,需要加强保障力量建设

保障力量是由多方面、多环节、多要素构成的复杂系统,保障力量建设就是要实现其内部诸方面、诸环节、诸要素的有机整合、合理结合,通过提高整体建设水平来增强保障能力。保障能力的获得取决于多种因素,如人与保障装备的数量和质量、编制的科学化程度、组织指挥和管理水平等,这些可以归结为人、保障装备以及两者间的组合方式这三大要素。要实现这三大要素及其组合处于最佳的状态,都需要建设来保证。尤其是在信息化条件下的体系保障能力成为保障力基本形态的情况下,亟待加强保障力量的综合集成建设,以进一步提高保障力量体系保障能力。

(二)保障能力生成具有持续性,需要加强保障力量建设

通过不间断地加强保障力量建设,就可以由数量到质量、由低级到高级地聚积保障力量的保障能力。一支保障力量,需要经过相当长时间的建设,才能有保障能力。未经过组织和训练的部队,不过是一群乌合之众,也不可能担负起历史赋予的使命。"养兵千日,用兵一时""养兵千日"实际上是"训兵千日""管兵千日"。如果不扎扎实实、长期不懈地进行保障力量建设,就难以形成强大的保障能力。

(三)保障能力生成具有时代性,需要加强保障力量建设

不同的时代需要不同的保障能力,而新的保障能力只能通过新的建设去形成和提高。信息化条件下保障力量的保障能力,是建立在以信息技术为核心的现代技术之上的各种新的保障能力,如果离开了新的能力建设,保障力量的这些能力就无法形成和提高。

三、装备维修保障力量建设得到普遍关注

以美国为首的西方军事国家既是新一轮军事变革的首倡者,也是实践者。随着新军事变革进程的深度推进,以美国为首的西方军事国家均加快了武器装备的发展速度,高新技术在武器装备系统研制开发中大量运用,武器装备系统化、集成化程度日益提高,武器装备维修保障难度不断增大。维修保障力量是装备维修保障能力生成的基础和前提。也正是基于这方面因素的考虑,近年来,世界主要军事国家着力加大装备维修保障力量的建设力度,以提升本国的装备维修保障能力。

(一)加强装备维修保障力量建设已成为当前主要军事国家的基本政策取向

随着新军事变革进程的深入发展,武器装备系统的集成化、复杂化程度日益加深。相对于过去机械化战争条件下的武器装备维修保障而言,如今信息化战争条件下的装备维修保障则呈现出了许多新的特点和规律,其不仅表现为武器装备维修变得越发的复杂,更表现为用于装备维修保障的技术和手段也变得越发的高技术化。针对新形势下武器装备维修保障的特点,着眼维修保障能力的建设需求,世界各国纷纷加大对维修保障人员规模、结构的调整与培训力度,

以求通过维修保障力量的加强,提升本国军队的装备维修保障能力。美国、俄罗斯等一些国家的装备维修保障力量正从整体上向高技术化转变,并建立了由现役、预备役和合同商力量共同组成的武器装备维修保障力量体系。英国、法国、德国、日本等也在保持现役力量核心能力的同时,非常注重形成由现役、预备役、地方共同构成的多元互补的装备维修保障力量格局。目前,加强装备维修保障力量建设,已成为世界各国发展和提升装备维修保障能力的基本政策趋向。

(二)我军武器装备建设发展的新形势要求必须把维修保障力量建设放在首位

随着我军武器装备信息化建设进程的逐步加快,大量高新技术武器装备已相继列装部队,这在促进我军战斗力极大提升的同时,也对我军装备维修保障能力建设提出了严峻挑战。适应形势,积极应对,努力提升装备维修保障能力,不仅是确保我军武器装备健康发展的现实需要,更是着眼打赢、有效应对未来战争装备维修保障需求的有力保障。装备维修保障力量是形成和提升装备维修保障能力的基石。但从我军装备维修保障力量建设的现状来看,其与我军装备维修保障的现实需求相比存在很大差距。加强维修保障力量建设,是有效弥补装备维修保障能力差距的有效途径。尤其在新军事变革进程加速推进、武器装备发展日新月异的大背景下,我们更应瞄准未来战争需求,以保障打赢信息化条件下的局部战争为根本着眼点,找准我军装备维修保障力量建设的关键点与薄弱环节,扎实推进装备维修保障力量建设。

第九章
外军装备维修保障力量的结构

维修保障力量的结构包括维修保障力量的外在结构和内在结构。外在结构是指现役军人、文职人员、预备役保障人员以及合同商保障人员之间的关系；内在结构是指军队内部维修保障人员在年龄、文化程度等方面的比例关系。装备维修保障能力与水平的高低，在很大程度上取决于维修保障力量的配置结构，即人员数量多少、知识层次构成、专业协调程度等因素。

第一节 外军装备维修保障力量的外在结构

维持一个搭配合理的装备维修保障队伍，对于节约经费，提高保障能力具有越来越重要的作用，因此，如何充分发挥和协调现役部队、预备役以及合同商保障的作用，是世界主要军事国家军队在装备维修保障力量建设方面的重要内容。长期以来，世界主要军事国家军队的装备维修保障任务主要由武装部队（包括现役和预备役）来承担，但随着科学技术的发展和军队建设思想的转变，装备维修保障的社会化趋势越来越明显。经过多年的探索和实践，外军尤其是美军已经形成了由现役、预备役、合同商构成的多元互补的保障力量结构。尽管社会化力量在装备维修保障中不占主体地位，但发挥了重要作用。

一、现役军人和文职人员是装备维修保障力量的主体

长期以来，世界各国军队的装备维修保障任务基本上是由军方承担的。例如，外军普遍采用的基层级、中继级、基地级三级维修体制中，有二级（基层级和中继级）维修一般由现役部队承担。在基地级这一级中，虽然大多数国家都有地方企业的参与，而且参与的比例呈现出上升的趋势，但一般都对总量和范围

进行一定的控制,以免在紧急情况下由于过度依赖地方保障力量而影响部队战斗力。美军规定,军方必须在基地级维修中保持有核心维修能力,即总量上不能低于50%的比例,类别上不能将一些核心装备的维修保障交给地方力量来完成。从维修人员的构成来看,现役维修人员与部队文职人员仍是军队装备维修保障的核心力量。

二、预备役维修保障人员的地位与作用不断提升

外军历来重视预备役人员在装备维修保障中的作用。近年来,预备役在装备维修力量中的比重不断提高,所担负的任务不断增强。以美军为例,美军预备役部队是世界上发展历史最悠久的后备力量之一,从对外作战到海外驻军,从维持秩序到抢险救灾,预备役部队作为战时动员扩编和配合现役部队作战、平时维护国家利益和社会稳定的重要力量,已逐渐发展成为与现役部队全面合作的"伙伴",现役部队的重大作战计划和非战争军事行动的实施,基本上都离不开预备役部队的支援和配合,其运用方式也越来越多样化。

近年来,随着新军事变革的深入发展,世界主要军事国家将提升预备役在装备维修保障力量中的比重作为其解决需求与供给之间矛盾的主要途径。一方面,现代高技术武器装备所涉及的技术领域越来越广,装备维修保障任务异常艰巨,现役部队急需大量的装备维修保障人员,但这与军队规模的精简相背离;另一方面,预备役人员相对低廉的维持费用凸显了巨大的优势。据统计,维持一名预备役人员的费用仅相当于现役人员的1/6。在伊拉克战争中,美军动员和使用了大量的预备役,弥补了编制内保障力量不足的问题。美军首批征召的预备役人员大多是装备维修、工程建筑等专业技术人员。两个战区保障司令部主要由预备役人员组成,其中有些区域保障大队整编制都是预备役。在部队运输过程中,美军紧急动员了大量的海军预备役船只、空军预备役运输飞机和陆军军交管理局的铁路和汽车运输力量。其中,美国海岸警卫队(预备役)所属的30艘滚装船承担了大部分的部队运输任务。

美军尤其注重加强预备役在战时装备保障中的作用。在海湾战争中,美军从事电子和自动化设备修理的预备役维修人员占54%;在预备役准尉以上军官中,自动化、航空以及电子设备修理人员占了72%;在预备役准尉以下军官中,自动化、航空以及雷达与通信人员占了89%。这些都充分说明了预备役人员在

高新技术维修保障领域所发挥的重要作用。随着未来战争从人力密集型向技术密集型的转变,为提高军费的使用效益,缩小现役部队规模,外军都在增加掌握高技术的预备役保障人员的比例,这也是未来武装力量结构调整的重点之一。

三、合同商成为装备维修保障力量的有益补充

随着科学技术的发展和军队建设思想的转变,为应对现役部队装备维修保障力量不断压缩、装备维修保障任务日趋复杂和艰巨的困境,着眼装备维修保障技术军民兼容性日益提高的发展趋势,世界主要军事国家充分利用各种社会资源,积极推动装备维修保障的社会化。

美军认为,随着民间科学技术的迅速发展,利用民间力量完成军队的保障工作是大势所趋。因此,美军大力鼓励利用合同商参与保障工作。美国国防部曾专门颁发文件,强调最大限度地采用军民通用物资,以减少专用物资的研制与生产费用;在技术投入方面,坚持不重复民间已有项目的原则,把保障研究与发展资金投入到没有替用品和没有民间资源的领域。目前,美军在维修和补给等重大保障领域中都广泛利用合同商的力量,以提高美军的保障能力和效益。美国国防部50%以上的空运和85%以上的海运都是由合同商来完成的,大量的物资供应、技术维修、基地和设施维持也都是由民营企业来负责的。同时,美军还通过制定相应的法规标准来规范合同商的保障行为。美国陆军训练和条令司令部与陆军联合装备保障司令部共同成立了一个综合概念组,负责制定管理战场合同商的野战手册。目前,美军已经颁布的相关法令包括陆军条令AR715-9"伴随部队的合同商"、野战手册FM 100-21"战场上的合同商"、"战场合同商保障草案"等。此外,负责采办、后勤和技术的陆军助理部长办公室也就如何获得合同商的保障服务制定了野战手册。

为保障民间力量的有效利用,美军还制定规划和计划,设立专门机构,以加强与民间机构和部门间的联系。为落实"后勤保障(含装备技术保障)民间化的思想",美军制定了"利用民力加强军队后勤计划",并于1999年,美国陆军装备司令部成立了"后勤民力增强计划"支援部。为更好地发挥原始制造商的保障作用,美军与民间维修承包商签订了许多武器装备维修合同,维修承包商派出大量专业技术人员,参与军队的装备维修保障工作,为部队提供宝贵的技术知

识,进行必要的技术指导和技术服务。美国陆军器材司令部管理的几个专门的装备维修保障机构中,就有代表60个维修承包商的1000多名地方装备维修技术人员。

在海湾战争中,美军后勤保障有相当大一部分是利用民力完成的。在战场上,有9200名承包商人员、5200名文职人员为部队提供直接保障,26家承包商承担了主要的技术维修工作,数十家承包商提供了物资保障。到科索沃战争时,美军后勤保障中的民营成分大大增加,尤其是物资的采购、运输、储存和分发,主要是由民营企业承担的。同时,美军装备维修保障业务外包也逐步展开,与美军活动联系在一起的民间产业队伍在军事需求的拉动下日益壮大。美国国防外包行业已经发展成为一个巨大的产业,国防承包商的数量约为1000家,年产值高达1000亿美元。

进入21世纪以来,美军引进民间力量实施装备维修的比重越来越大,民间维修力量几乎占了军队维修能力的一半。如在国防部的维修能力中,美军建制维修能力占其总能力的54%,民间维修能力占46%。空军建制维修能力占其总能力的52%,民间维修能力占48%;陆军建制维修能力占其总能力的56%,民间维修能力占44%;海军建制维修能力占其总能力的54%,民间维修能力占46%[①]。

第二节　外军装备维修保障力量的内在结构

由于现役军人和文职人员在装备维修保障人员结构中仍占主体地位,优化现役军人和文职人员的内在结构成为主要军事国家军队建设尤为关注的问题。

一、装备维修保障力量的数量结构相对稳定

人员数量规模是否满足装备发展的需要,是形成装备维修保障能力的基础性要素。没有足够的装备维修保障人员,就不可能有装备的持续发展,也不可能充分发挥已有装备的效能。外军高度重视根据装备发展和战争需求,不断调整维修保障人员与作战人员、维修保障人员中军人和文职人员、士兵与军官等比例关系,以确保维修保障队伍形成一个有机整体。

---

① 刁望钦. 美军装备维修保障中的民力利用[J]. 外国军事后勤,2008(2).

根据美国国防部的统计,2003—2006财年,美国国防部系统内的维修人员(包括现役、优选预备役和文职)占国防部人员总数的比重略有变化[①]。维修人员总数及其所占比重的波动与美国军事力量的整体变化保持一致。从整体来看,维修人员约占国防部人员总数的1/4。这表明美国国防部维修人员在整个武装力量中占据着较大的比例,而且在常备武装力量总规模中的比例基本保持稳定,充分体现了美军对装备维修保障的重视程度。

从维修保障人员中军人和文职人员、士兵与军官等比例关系看,2003财年,现役军人是文职人员的3倍,是优选预备役的2.2倍。现役维修军人和文职人员总数约是优选预备役中维修人员的2.6倍。在现役维修军人中,士兵与军官的比例为27.4∶1。在优选预备役维修人员中,士兵与军官的比例为23.5∶1。在文职维修人员中,蓝领与白领的比例为2.9∶1。直接从事维修作业的士兵和文职蓝领是军官和文职白领的11.5倍。到2006财年,现役军人是文职人员的2.88倍,是优选预备役的2.14倍。现役维修军人和文职人员总数约是优选预备役中维修人员的2.89倍。在现役维修军人中,士兵与军官的比例为26.9∶1。在优选预备役维修人员中,士兵与军官的比例为23.14∶1。在文职维修人员中,蓝领与白领的比例为2.94∶1。直接从事维修作业的士兵和文职蓝领是军官和文职白领的11.65倍。

在2008财年,尽管各类维修保障人员的数量依然出现了一定的变化,但总体上看,调整幅度并不大,与2006财年的各项指标基本保持一致。从上述数据可以看出,无论是美国国防部维修人员所占的比重,还是官兵比例,变化不大,基本上保持着相当大的稳定性。

二、装备维修保障力量的技术结构得到强化

随着装备信息化水平的提高,外军不断调整维修保障队伍的技术构成,以确保维修保障能力与装备发展水平保持同步。美军维修保障人员的技术结构就充分体现了这一点。

根据美国国防部统计,2001财年美军维修人员总数为69万人,其中现役士兵、精选预备役士兵、文职蓝领、文职白领分别占52%、27%、13%和5%,四类人员占全部维修人员总数的97%。美军35.88万现役维修保障士兵中,电子设备

---

①甘茂治.从年会看美国国防部维修[J].维修理论动态,2007(16).

维修人员占28%,电器/机械装备维修人员占67%;在18.25万精选预备役维修士兵中,电子设备维修人员占19%,电器/机械装备维修人员占74%;在9.2万文职蓝领维修人员中,电子和电工类维修人员占41%,通信与雷达维修人员占12%,航空维修人员占10%;在3.3万维修白领人员中,电气/机械装备修理人员占58%,电子设备修理人员占14%。

到2003财年,美军36.38万现役维修保障士兵中,电子设备维修人员占27%,电器/机械装备维修人员占64%;在0.41万现役维修准尉中,电气/电子设备维修人员占10%,航空装备维修人员占14%,自动化装备维修人员占32%,导弹维修保障人员占9%,通信与雷达维修人员占14%,舰船机械维修保障人员占8%;在0.92万现役准尉以上维修军官中,舰船机械维修人员占10%,电气/电子设备维修人员占5%,航空装备维修人员占36%,自动化维修人员占16%,通信与雷达维修人员占11%。在17.18万精选预备役维修士兵中,电子设备维修人员占19%,电器/机械装备维修人员占71%;在0.27万优选预备役维修准尉中,电气/电子设备维修人员占8%,航空装备维修人员占8%,自动化装备维修人员占51%,数据处理设备的维修人员占9%,通信与雷达维修人员占9%;在0.46万精选预备役准尉以上维修军官中,航空装备维修人员占24%,自动化设备维修人员占37%,通信与雷达维修人员占19%。在9.27万文职蓝领维修人员中,电子设备维修人员占14%,电器/机械装备维修人员占59%;在3.24万维修白领人员中,电气/机械装备修理人员占4%,电子设备修理人员8%。

到2008财年,现役维修人员中,军官13000人,其中,准尉以上军官占66.3%,准尉占33.7%;士兵344000人,其中,机械和电气工占66.6%,电子专业占23.3%,飞机维修人员4.2%,其他人员5.9%。预备役维修人员中,军官6000人,准尉以上军官占60.7%,准尉39.3%;士兵163000人,其中,机电工占71.9%,电子专业17.9%,飞机维修人员6.1%,其他人员4.1%。文职维修人员中,白领人员32000人,其中,机电和电子专业人员占43%,生产管理人员14.2%,通信和雷达人员9.6%,航空维修人员10.8%,其他人员22.4%;蓝领人员93000人,其中,机电专业人员61.1%,飞机维修人员23.6%,电子维修人员13.4%,其他人员1.9%。

三、装备维修保障力量的军种结构有所调整

从军种结构来看,近年来也有一定的变化和调整。2001财年,陆军维修人员为23.75万人,占国防部维修人员总量的34.4%;海军19.3万人,占国防部维修人员总量的27.7%;空军21.2万人,占国防部维修人员总量的30.7%;三者总和占到了国防部维修人员总数的92.8%。海军陆战队有维修人员4.75万人,占6.8%,其他维修人员0.3万人,所占比例不到0.4%。

2006财年,陆军维修人员为22.1万人,占国防部维修人员总量的33.6%;海军18.9万人,占国防部维修人员总量的28.6%;空军19.6万人,占国防部维修人员总量的29.7%;三者总和约占国防部维修人员总数的93%。海军陆战队有维修人员5.1万人,占7.7%,其他维修人员0.2万人,所占比例为0.3%。

2008财年,陆军维修人员为23.4万人,占国防部维修人员总量的36%;海军17.6万人,占国防部维修人员总量的27.1%;空军18.7万人,占国防部维修人员总量的28.8%;三者总和约占国防部维修人员总数的93%。海军陆战队有维修人员5.1万人,占7.8%,其他维修人员0.2万人,所占比例为0.3%。

第十章
外军装备维修保障力量的训练

装备维修保障训练作为装备保障训练的重要组成部分,对装备维修保障水平、装备完好性保持及部队战斗力提升有重要的影响。高效的维修保障训练能培养大量维修技能精、综合素质高的维修保障人才,从而提高维修保障部(分)队保持装备完好、执行军事任务的能力。装备维修保障训练是装备维修保障能力生成和提升的基础和前提。加强对装备维修保障力量的训练已成为当今世界各国狠抓装备维修保障能力建设的有效举措。装备维修保障力量训练,主要包括对维修保障人员的培训和训练等。在装备维修保障力量训练方面,外军采取了许多有效的做法,也积累了丰富的经验。

第一节 维修保障人员的培训

世界各国军队都十分重视对装备维修保障人员的培训。经过多年的建设,外军已经建立起了以军事院校和训练中心培训为主体,以地方教育机构和合同商培训为补充,同时伴以自主培训的维修保障人员培训体系。

一、军事院校组织的培训

美军建立了不少承担装备维修保障培训任务的院校,其中承担维修教育训练任务的陆军院校有两类:第一类是维修专门院校,为陆军各兵种培养维修人才,训练内容以维修为主线,不涉及具体的兵种知识;第二类是陆军兵种院校,主要培养兵种战术指挥人才,兼顾培养本兵种的装备维修人才,如工兵学校、装甲学校、防空炮兵学校等。美国陆军的大部分维修人才来自第一类院校,即维修专门院校。其他国家的很多院校,如俄罗斯的装甲兵学院、后勤和军事运输学院、加里宁军事炮兵学院等,英国的科林伍德通信学校,日本的陆上自卫队军械学校、运输学校等,也都承担着本国军队装备维修保障的培训任务。在培训对象上,外军军事院校涉及维修军官、士官和士兵等各类人才,但主要以前二者作为培训对象。在培训内容上,主要涉及理论知识和专业基础知识,如美国海军装备维修工程军官学校要求每个学员都学习维修工程学的基本知识,包括维修保障定义、原理和"以可靠性为中心的维修(RCM)"等基础知识。

二、训练中心进行的培训

外军建立了多级装备保障培训中心,用于对装备保障人员进行专业培训。美国海军太平洋舰队技术保障中心的训练服务部,就专门负责对保障人员进行培训。在新型舰艇交付舰队后,该中心根据随新装备配发的技术保障手册,对海军装备保障人员讲授有关装备保障的基本知识,并针对不同的保障专业岗位,组织专家讲授舰艇各种系统的技术保障知识,同时对学员进行新舰艇保养和维修方面的培训,并对学员在舰上进行考核。英国也设置了陆军的步兵训练中心、皇家后勤兵训练大队、皇家机电工程训练大队、皇家装甲兵中心等以及6个大型训练场和13个中型训练场;海军建立了舰艇训练中心、海上训练中心、陆战队训练中心及海军航空兵的多个航空站。

三、地方教育机构与合同商组织的培训

美军认为,21世纪武器装备将更加复杂,如果维修人员的基础教育由军队承担,不仅需要较长的训练周期,而且训练费用也较高。因此,部队维修专门院校的任务是使士兵掌握陆军独有的武器系统和专用维修设备,而士兵的物理学、电子学和机械学基础知识,则应由民间的两年制专科院校和技术学校承担。美军在全国地方院校中设有531个后备军官训练团,专门为军队培养人才。其中,海军就在全国66所高等院校中建立了后备军官训练团。驻诺福克海军部队与弗吉尼亚地区一些院校签订合同,由这些地方院校培训修理、检验、焊接、电脑维护、机械加工等多个领域的专业军士。美国Stewart & Stevenson车辆服务公司(SSVSI)在北加利福尼亚布拉格堡则开设了一个中型战术车族(FMTV)保障中心,负责为士兵和机械师提供FMTV维修、保养和修理方面的训练。利用地方教育系统培养装备维修保障人才,不但可以保证军队人才的充分补充,而

且可以减少军队的机构和人员,节约大量经费。对非现役人员,美国陆军还在全国各地建立了地区维修训练场,为非现役人员提供维修训练。在美国本土共有19个地区维修训练场,担负着陆军约60%的维修训练任务。地区维修训练场的训练和考核标准与现役部队院校完全一致,颁发具有相同效力的军职专业资格证书。

日本自卫队认为,符合以下三条原则即可考虑利用地方训练机构培养保障人才:①军内教育在拓宽相关知识和提高技能方面有困难;②即便军内可以教育培养,但从经济上考虑不适宜;③除知识与技能教育方面的考虑外,需要通过同地方人员的接触来开阔眼界,拓展思维。日本防卫厅决定,对自卫队18个领域的专业技术人才,如外语、高压电气工程技术、高压气体生产技术、大型车辆驾驶等,都可利用地方教育机构培训,自卫队内部不搞大而全、小而全的培训机构。

在信息技术的推动下,武器装备更新换代节奏加快,而这些武器装备都是由合同商研制、生产的,他们掌握着该装备的核心技术,也了解如何有效地保障这些装备,从节约经费和促使军队人员尽快掌握保障技术来讲,都要求军队在技术培训领域广泛利用生产厂商的培训资源。例如,美国陆航的基层级维修采用了合同商与部队合作的模式,在合同中明确规定,合同商有义务对部队维修保障专业的军人进行培训。随着合同商更多地参与装备保障工作,使用合同商对部队装备保障人员进行专业培训已经成为一种趋向。英国国防部在1998年同航空训练国际有限公司(ATIL)签订了一份为期30年的合同,内容是为阿帕奇 AH Mkl 攻击直升机提供使用与维修训练。该合同是英国国防部推行公私合作计划后首批项目之一。航空训练国际有限公司还根据合同条款和皇家机电工程部一起在阿伯费尔德建立维修训练专用设施,以便提供更好的训练。美军还利用派驻在部队的各种合同商保障中心开展维修保障训练。美军在基地维修业务上开展公私合作时也经常会在合同里明确要求合同商对军方维修保障人员进行培训。有时还利用合同商在装备研制、改型方面的优势,在装备还没有服役时就授权合同商开展装备维修保障训练,提前建设维修保障力量。

四、维修保障人员的自主培训

除部队和单位组织实施的维修保障培训外,维修保障人员还可以进行自主培训,即以函授的方式接受培训。这种方式的培训通常是由维修人员根据自身现有能力和工作需求自主决定的,具有很大的自主性。自主培训是基于个体需求而开展的培训,具有很强的针对性和很大的灵活性,受到外军,尤其是美军的重视。

为鼓励维修人员积极参加函授培训,美军推行了一些培训成绩认可措施。无论是现役人员还是预备役人员,他们在接受函授培训并考核合格后会得到本单位或系统的认可,现役人员可以获得一定的"提升分",即可以在军内晋升中得到一定的认可和奖励;预备役人员可以获得一定的"服役年限延长分",即能在延长服役年限方面发挥一定的作用。

自主培训可以有效地弥补个人知识和能力的不足,尤其是理论和相关专业知识。例如,美国陆军保障管理学院开设的"陆军维修管理函授课程"涵盖了维修保障领域的许多理论知识,如"全寿命周期""综合后勤保障(ILS)""以可靠性为中心的维修(RCM)"等,也包含了许多专业知识,如"维修规划""陆军维修管理概论""国家级维修管理"等。同时,自主培训还可以利用其特有的灵活性为受训人员提供全方位的学习内容,包括装备维修保障相关知识和一般性军事知识,全面提高受训人员的综合素质。对于许多没有机会到军事院校接受系统理论知识和专业知识培训的维修人员来说,自主培训提供的学习机会能帮助其完善自身的理论和专业知识,提高自身综合素质。对于整个维修保障队伍来说,自主培训能在一定程度上提升整体理论与专业素养,是维修保障培训体系的有益扩展。

第二节 维修保障人员的训练

对维修保障人员进行训练,使其具备熟练的专业技能、基本的战术素养、全面的综合素质,是圆满完成装备维修保障任务的基本保证。因此,外军十分注重对装备维修保障人员的训练,并构建了完善的维修保障人员训练体系,以提高维修保障队伍的素质,确保武器装备的战备完好性。

一、美军对装备维修保障人员的训练

(一)训练思想

美军在维修保障的实施过程中形成了许多科学合理的训练思想,并在训练

实践中得到很好的贯彻。

1. 全员训练的思想

全员训练,强调不仅要加强对现役部队装备使用与维修保障人员的能力训练,同时也要加强对预备役部队和文职保障人员的训练。自海湾战争以来,美军在科索沃战场、阿富汗战场和伊拉克战场的战事不断。持久的战争严重消耗了现役部队保障力量,预备役部队和文职人员成为战场装备保障力量的重要补充,并在战场上为美军装备保障发挥了不可或缺的作用。战争的考验让美军充分认识到,装备维修保障训练绝不能仅限于现役保障部队,预备役部队和文职人员作为实战装备保障力量的重要组成部分,必须纳入正常训练体制中来。2006年,陆军发布AR350-1条例——《陆军训练与领导培养》,提出了实现"全陆军"训练的目标,即陆军的训练(包括保障训练)不仅要面对现役部队军人,还要包括文职人员和预备役部队。

2. 全寿命训练的思想

全寿命训练,强调装备维修保障训练不能在装备服役后才开始,而要在装备研制、采购初期就开始训练,装备维修保障训练要贯穿装备整个寿命周期全过程。美军在维修保障训练中始终贯彻全寿命训练思想,强调要在装备早期研制阶段就着手准备训练,在装备研制过程中开始着手编制维修保障训练规划,并同步实施一些训练开发工作,包括编制训练技术手册,开发训练设备,建设训练设施,筹备训练资源(如培训训练人员)等。同时,美军要求训练能力要和整个装备系统一同开发部署,即没有形成关键的训练能力,装备就不能部署。

3. 时训时新的训练思想

时训时新,强调装备维修保障训练要紧跟部队建设、装备建设以及维修保障发展步伐,训练内容要根据最新保障需求实时调整,以确保维修保障训练始终符合装备维修保障需求。如美军第一支数字化师于2000年组建,但指导数字化师维修保障训练的条例从1999年起就开始陆续制定、出版,让数字化师维修保障力量建设与数字化师建设同步开展。此外,装备保障的新理论(如"精确保障""基于状态的维修"倡议等)刚形成不久,就被训练系统接纳,并开发成训练内容,保证装备维修保障训练紧跟维修保障理论的最新进展。

(二) 训练分类

美军对装备维修保障人员的训练可分成两类:一类是由部队组织实施的维

修保障训练,它是整个装备维修保障训练的主体;另一类是由专门机构组织实施的训练,这类训练一般在维修保障训练机构或训练中心开展。

1. 部队组织的训练

部队组织的训练,既包括部队组织的日常训练,也包括在训练基地开展的集训,是最常见的一种装备维修保障训练方式。美军装备维修保障士兵,在从具备基本维修保障作业资格到成长为高级维修保障士官或维修军官之前,需要经过一系列的维修保障训练。其中,部队日常训练是最主要的部分。

美国陆军、海军、空军均为其各级保障部队制定了详细的日常训练计划,明确了各级保障部队主官对维修训练的职责,为训练的监督与组织实施提供了具体、可操作的规范。此外,美军还组织开展了大量集训,训练覆盖面广,内容丰富翔实。此类集训既包括各种专题培训,也包括各种专职培训。

2. 专门组织的训练

专门组织的训练均在训练机构和训练中心进行,这些专门的训练机构拥有相对固定的训练设施,训练资源也比部队丰富,适于开展一些部队难以开展的维修保障训练。

院校集中了丰富、全面的训练资源,尤其在训练设施、师资力量、技术资料等方面有着明显的优势,是美军装备保障训练系统不可或缺的组成部分。美国三军多所院校承担了装备维修保障训练任务,每年都为部队输送大量的高层次维修保障专业人才。不论维修保障训练机构隶属于现役部队,还是隶属于预备役部队,其都对各类维修保障人员开放。

专职负责训练的军事训练中心,拥有相对固定的训练设施,训练资源比部队丰富,适合开展部队难以开展的装备维修保障训练。美军各军种都拥有自己的维修保障机构和训练中心,面向现役部队和预备役部队维修保障人员,提供专业的技能培训。美国国家维修训练中心是美国陆军用于训练全般和直接支援级维修部队的地方。该中心是一个重要的预备役部队维修训练中心。训练中心能对全般和直接支援级维修部队进行各方面的训练,设有武器、光学、机械、焊接、通信电子,甚至是光纤修理和涂刷车间。其修理厂可以完成更换榴弹炮后坐滑板和改造坦克传动装置等维修作业。除对预备役进行训练外,训练中心也可以为现役部队提供训练机会。对于现役部队,中心可为他们提供在平时看不到的设备和部件上工作的机会。例如,像M1艾布拉姆斯坦克的传动系统那样的部件,受训部队平时由于缺乏合适的设施而难以对其进行改造,但在国家维修训练中心则可以利用中心提供的设施实施改造。

在训练内容上,训练中心以维修作业技能训练为主,同时也会很好地结合理论知识和专业基础知识展开,属于理论和实践结合紧密的一种训练方式。美国海军西太平洋舰队技术保障中心的训练服务部,专门负责对保障人员的培训。在新型舰艇交付舰队后,该中心根据随新装备配发的技术保障手册,对海军装备保障人员讲授有关装备保障的基本知识,并针对不同的保障专业岗位组织专家讲授舰艇各种系统的技术保障知识。在理论学习过程中,也进行新舰艇保养和维修实践,并组织学员在舰上进行实习考核。

(三) 训练手段

新技术的发展为装备维修保障训练注入了新的活力。以虚拟现实技术、网络与通信技术、多媒体技术等为代表的多种高新技术在装备维修保障训练领域的广泛运用,极大地提高了装备维修保障训练的质量和效率。

1. 将虚拟仿真技术运用于训练

随着计算机技术、现代传感器技术等关键技术的发展,虚拟现实技术已开始应用于武器装备的维修保障训练。与传统的维修保障训练方式相比,采用虚拟维修训练方式有着节省训练费用、缩短训练周期等优势。尤其是近年来,美军大力发展装备虚拟维修训练技术,并由最初的装备构造教学和维修技术训练等基本功能,扩展到维修技术考核、技术等级评定、训练效果评估等其他功能,训练效果和训练效率显著提高,特别是在新装备维修训练中发挥了重要作用。例如,美军在"未来战术卡车系统(FTTS)"开始装备部队之前,就已将该车型的虚拟维修训练系统投入了使用,保证了新装备列装部队的同时就形成维修保障能力。

2. 将通信与网络技术运用于训练

运用计算机网络,不仅可以把分布在各地的训练系统有机地连接起来,使原本分散的训练资源在网络平台上形成一个内容丰富的训练知识系统,而且利用网络化的系统平台,还可以实现远程分布式的训练。随着通信和网络技术的快速发展,美军广泛应用远程教学和网络教学,拓展训练的时间和空间范围,为军人提供更多的训练机会。远程教学通过函寄教材、电脑光盘、录像带等形式授课,有的地区还可接收由卫星或光缆传送的课程。网络课程的覆盖范围包括美国本土、主要海外基地和主要战区,除了网上授课和考核,学员还可通过电子邮件或电子公告板与教师进行交流和答疑。

二、俄军装备维修保障人员的训练[①]

俄罗斯仿照美军模式,也建立了若干大型训练中心。俄罗斯由国防部和各军种直属的训练中心大约有30个之多,如"统训中心"就是为全军后勤和装备保障军官及后勤保障部队提供联合训练的场地,而"专业勤务训练基地"则用于实施单项训练。

俄军维修保障技能训练绝大部分是在和平时期完成的,其分为多个训练层次,每个层次都规定了严格的训练内容和考核标准。此外,俄军也非常重视在战争时期根据不同战斗行动特点和需要开展相关的训练。

(一)和平时期的训练

在和平时期,俄军装备维修保障人员根据所承担的任务不同,需要接受以下3类训练:专业等级训练,技术保障兵团、部队和分队的任职训练,技术保障指挥机构任职训练。

1.专业等级训练

俄军所有承担装备维修保障工作的人员都必须参加专业等级训练,训练合格后方可获得相应专业技术资格。专业等级训练依据《俄罗斯武装力量军事专业技能等级确定手册》的规定实施。该手册明确阐述了俄军各种专业技能等级人员的训练要求和程序。每个专业分为3个等级。各个岗位的人员都要从三级(最低级)开始培训,经训练达到良好的技术技能后,可授予技术三级。技术三级人员,在完成规定年限的在职工作后,可参加本专业更高级别的测试,测试合格可授予更高的技术等级。三级由部队(分队)指挥员授予,二级和一级由兵团指挥员授予。对军官而言,还要到准尉学校参加技术保障分队排长和连级资深技术人员任职训练(为期十个半月),或者技术检查站长任职训练(为期五个半月)。

2.技术保障兵团、部队和分队的任职训练

按照《保障、维修和维护分队战斗训练大纲》(1998年)的要求,技术保障兵

[①] 本部分内容主要参阅了王绪智等编写的《俄罗斯军队的装备维修保障训练体系》《俄罗斯军队装备维修保障研究》,甬来编写的《俄罗斯装备维修保障训练体系简介》。

团、部队和分队的任职训练以集训的形式实施。该大纲确定了武器装备日常维护、后送和维修专业士兵的训练内容,以及技术保障分队各保障小组组长(士官)的训练内容,还有分队战斗合练的内容和方法。各类装备日常维护、后送和维修专业士兵还要完成其他训练大纲的要求,如车辆驾驶员要完成《车辆驾驶员专业训练大纲》的内容。

技术保障分队专业士兵的集训可在部队、兵团中实施,而有些专业人员的集训则要在集团军或军区内实施。通过集训后,专业士兵还要通过合成演习和分队战斗合练来完善自己的知识和技能,技术保障分队每月还要安排8个训练日进行战斗训练和心理素质培训。

技术保障分队各保障小组组长(士官)要参加以下训练:一是每月要参加两天(一天5h)的指挥员集训。通过集训,充实完善有关制式技术装备和武器装备结构、战斗技能方面的知识,掌握在实施战斗行动时正确使用装备的知识,并获得部署保障小组(单个战勤人员、排、车间)和组织完成保障分队任务的技能。二是按照上级规定参加保障作业集训。集训持续时间为3~5日,主要内容是按照上级领导下达的作业实施方法和顺序,使用规定的训练器材和教材完成规定的保障作业,重点是组织受损装备的后送、维修和维护,分队(部队)战斗行动技术保障(按照勤务部门划分)的组织,以及配置地域内警戒和防御的组织。

3. 技术保障指挥机构任职训练

技术保障指挥机构任职训练的主要目的是掌握以下内容:保障部队在平战转换时兵力和器材的指挥方法,战斗和战役中部队技术保障计划的制定和组织实施,部队技术保障训练的组织与实施流程。实施方式是技术保障机构按照设想的战役和战术想定,在配置足够通信器材的区域内,与后方机构和各兵种司令部协同完成保障任务。技术保障指挥机构的任职训练已被纳入俄军军团和兵团合成司令部训练体系,其通过军团和兵团合成司令部的各种演练、演习实施。

(二)战争时期的训练

在战争时期,部队要在不同的阶段,根据武器装备的使用条件、人员在当前战斗(行军)中的任务、人员训练水平以及可用于训练的时间等因素,组织实施维修保障人员的技术训练和专业训练。技术训练的内容由各级部队指挥员确定,由部队参谋长、装备副指挥员、兵种首长和勤务主任进行筹划。在战斗(行军)的准备阶段,如果拥有足够时间,组织保障人员训练以下内容:具体作战环境、地形、季节和天气条件下武器装备的使用特点;克服水障、工程障碍、沾染区域、被破坏地区和火场,以及其他障碍物的方式方法;技术保养、恢复寿命储备、附加性作业的作业量和实施程序,在必要且可能时,组织维修保障人员开展实习作业。在人员缺乏足够经验且时间允许的情况下,还要组织人员学习武器装备的构造及使用特性,研究技术保养的范围和实施程序;技术保养班(小组)、部队修理分队和独立修理营的人员,应学习在战斗(行军)过程中检查、后送和修理武器装备的流程,学习移动式保养设备、后送设备、修理设备的使用规则,研究防护、警戒和防御问题;操练如何部署移动式保养设备和修理设备,如何完成独立作业,如何实施后送作业等。

当兵团(部队)进行重组,或在方面军第二梯队(预备队)中进行改编时,应组织实施人员技术训练和专业训练,丰富保障人员的武器装备战时运用和修复经验。在这个阶段,可举办集训班,提高人员专业技术水平。当兵团(部队)配编新型武器装备时,应组织所有人员参加相关装备的课程学习。

第十一章
外军装备维修保障力量的动员

装备维修保障力量动员,是指国家为了满足战争或突发事件对装备维修保障的需求,依法对装备维修保障力量进行统一调配与使用,有计划、有组织提高装备维修保障能力的活动。装备维修保障力量动员的主体是国家,动员的对象是国家和社会的各种装备维修保障力量,动员的目的在于应对并满足战争及其他重大军事行动对装备维修保障的需求。维修保障力量动员是维修保障力量建设的重要组成部分,随着战争形态的演化,动员工作显得越发重要,相应地,动员工作也日益得到世界各国的重视。总体来看,为强化装备维修保障力量动员工作,外军不仅建立了较为完善的动员制度,而且还配以行之有效的措施,切实对装备维修保障能力提升起到了重要的推动作用。

第一节 美军装备维修保障力量的动员

美军作为世界新军事变革的领头羊,历来重视动员工作。他们认为"动员是迅速向世界显示决心的一个有效手段""是维护国家安全和利益及支持总体战略的一个关键因素"。为此,美国不仅建立了以总统为决策核心,以政府部门为执行主体的国防动员体制,而且针对不同动员活动的不同内容,还制定了各种动员计划。

一、动员的特点

美国实行的是总体力量动员政策,在依靠现役部队的同时,越来越注重发挥预备役的作用。从总体上看,美军维修保障力量动员主要有以下特点。

（一）维修保障力量已成为后备力量动员的重点

高技术战争是陆军、海军、空军和各兵种联合作战的战争，交战双方都把战争作为新式武器的试验场，使得"直接参战的士兵和指挥员大大减少，而后方技术保障人员尤其是装备维修人员则成倍增加"。海湾战争中，平均每名战斗员有四五名技术勤务保障人员为其提供保障。多国部队每架飞机起飞一次，通常有几十名技术人员对其进行维修保障。这一特点，使得战争中后备力量的动员与使用同以往相比发生了很大变化，装备维修保障力量动员已成为后备力量动员的重点。美军认为："海军、空军及专业技术保障后备力量执行战斗支援与保障任务比参加战斗发挥的作用更显著，因为他们从事的工作与其在民间的工作相同或相近，因此，征召后可以不经训练或短期训练即可执行任务。"伊拉克战争中，美国动员洛克希德·马丁公司、通用动力公司等20余家重要的"防务合同商"，派出2万余名技术人员前往科威特或伊拉克，主要为美军提供主战装备的技术支援保障。美国甚至还实施了"一般装备维修由军队保障，高新技术装备维修由承包商保障"的方针。

由于装备维修保障在战争中的重要作用，美军在平时的后备力量建设中，逐步改变了后备力量结构，把装备维修作为后备力量建设的一个重点。美军将陆军战斗支援保障任务主要交由陆军国民警卫队来承担。目前，美国陆军总体力量中，有80%的战斗和后勤支援部队要由后备役部队提供。陆军后备役中的保障部（分）队，特别是从事军事装备维修保障的部（分）队，在陆军同类部（分）队的总数中约占70%。

（二）维修保障力量的动员机制健全

美国关于装备维修保障力量动员方面的具体工作由三个系统中的有关人员负责。联邦紧急管理署是组织指导政府部门进行动员的协调机构。联邦政府各部均设有动员局（处），在全国10个行政区设有办事处，负责协调地方各州政府的动员准备和实施工作，有专门人员管理与装备维修保障有关的动员工作。根据国家对装备维修保障动员的总要求，分别制定与本部门职能一致的动员计划，并互派联络员进行部门之间的联络与协调工作。国防部动员与指导组是军队系统的动员协调机构，参联会拟制包括装备维修保障动员在内的动员计划，国防部的二级部（局、委员会等）和三个军种设有装备维修保障动员的专职或兼职机构,具体动员工作由负责后备役事务的助理国防部长、负责后勤的助理国防部长以及各军种部的对应助理部长来承担。后备役动员系统,根据总体力量政策,组建后备役部队,主要担负包括军事装备维修保障在内的战斗支援保障任务,是装备维修保障动员的重要部分。

除了具有健全的动员机构和专门的动员计划之外,对装备维修保障力量动员,美国还有完善的法规制度。为保证动员工作有法可依、有章可循,美国在国会、总统、国防部长及军种部四个层次均建立了一套完备的法规系统。

国会颁布的动员法规,是实施战争动员的基本法律依据,大致可分为基本法律和专项法律两类。基本法律主要有《1947年国家安全法》《1973年战争授权法》《1976年国家紧急状态法》等具有母法性质的基本军事法。专项法律主要有《1948年军事选征兵役法》《1948年国家工业储备法》《1950年国防生产法》《1950年州际商务法》《1950年民航后备队条例》《1980年全国物资矿产政策研究与开发法》和《1981年海事法》等一系列法规,它们形成了一个结构严密、体系完善的动员法规系统。该系统既有力地保证了平时各项动员准备工作的进行,又保证了战时实施快速高效的动员。

总统层次动员法规主要以总统颁布的各种行政命令为主,涵盖动员准备与实施的各个领域,其中影响比较大的有:1953年艾森豪威尔总统颁布的第10480号行政命令,规定国防动员局的组建及职责;1979年卡特总统颁布的第12148号行政命令,建立了处理国内紧急事态的联邦紧急管理机构,以缓解各部门在动员工作中的冲突与摩擦,协调行政部门紧急事态的计划工作。

国防部长颁布的各种指令包含国防政策、军事计划、军事工程项目、军事机构体制编制的调整、授权代理人指导其他重大军事行动等各个方面。国防部长还可颁发国防部指示,对某一国防部指令进行补充和说明。参谋长联席会议主席颁布的主席令通常涉及动员的具体问题。例如,参谋长联席会议主席颁布的《联合战略能力计划》中,明确规定了动员计划工作的指导方针,以及作战计划工作与动员计划工作的关系和协调方法;参谋长联席会议主席颁布的《联合作战计划与实施系统》中,明确规定了涉及动员计划工作的实施程序。参谋长联席会议主席还通过批准联合出版物,指导和规范联合军事动员的原则、机构与职责、资源领域、计划与实施以及复员等事项。

各军种部层次的动员法规以条令条例形式为主,根据国防部长指令、参谋长联席会议主席指令及联合出版物中有关动员的事项制定,主要从整体或局部规定军种动员行动的组织实施。例如,陆军部有6部与动员有关的条令条例,其中专门指导动员行动的条令条例就有3部。陆军野战条令 FM100-17《动员、部署、重新部署和复员》中有极其重要的动员内容,它阐述了联邦政府和陆军的动员机构、授权、等级与阶段,陆军动员对后备役部队、单个人员和新入伍人员的需要,对训练、设施和环境的需求,以及复员的阶段与实施等。陆军条例 AR500-5《陆军动员》,阐述了动员的目的、机构与职责,组织协调机制、动员计划与文件的制定等重要问题。陆军条例 AR690-11《陆军文职人员动员的计划与管理》则是一个专项法规,阐述了联邦政府各部、署、局在文职人员动员方面的职责,还阐述了陆军对动员计划的制定、文职人员的征召、训练与分配等项内容。

(三)强调军民兼容,扩大动员基础

把军队非核心任务向地方产业转移,通过对社会科技力量和资源的利用,将民用保障能力纳入军队保障体系,形成军民兼容、"小实力、大潜力"的装备保障体系,是美军满足军事需求的有效途径。为此,美军采取了一系列措施:在保障物资和技术方面,美军强调最大限度地利用民用技术和现成的民品,规定凡是军民通用的物资器材,主要从民间获取;在技术投入方面,坚持不重复民用已有项目,规定只要从市场能够采购到的物资器材,军队就少生产或不生产,少储备或不储备;同时,美军还通过减少专用物资种类,扩大军民通用物资范围,实现物资器材的标准化和通用化;为扩大动员的基础,美军还着力在消除民用和军用两个工业体系间的"壁垒"上下功夫。近年来,美国对其采办、法律、法规、规章、制度、办法和程序等进行了一系列改革,包括改革军用规范和标准,促进高技术产业民转军,允许更多地采用军民两用产品、技术和工业操作规程等。

二、动员的类型

美军动员装备保障力量主要包括以下3类:①动员承包商和生产商参与装备技术保障。美军通过与武器制造商签订承包合同,让他们对一些科技含量高、保养和维修难度大的武器装备提供"从工厂到战场"的一切支持,维修承包商则派出大量专业技术人员,参与军队的装备技术保障工作,并为部队提供技术知识和进行必要的技术指导和技术服务。在伊拉克战争中,由承包商组成的

"阿帕奇系统"保障队为"阿帕奇"系列直升机的保养和维修提供了全方位的服务;"捕食者"无人驾驶飞机70%的保养工作也是由承包商承担的。②动员民间运输力量承担主要的装备投送任务。伊拉克战争中,美国租用本国50余艘大型商船向海湾输送了包括军用卡车、坦克、直升机和集装箱武器弹药在内的各种装备和物资。同时,还包租了德国、葡萄牙、挪威和丹麦等国的8艘货船,从欧洲向海湾地区转运直升机、弹药、油料等补给品。③动员商业物流公司预储部分作战装备。海湾战争时,美军在海湾地区的科威特、阿曼和卡塔尔等国均储备有相当规模的武器装备和作战物资,以备战争突然爆发时进行应急作战保障。期间,美军与3家民间公司签订了价值5.5亿美元的合同,这三家公司组成了战斗保障联合会,负责保管、点验和维修美军在科威特存放的装备物资。

第二节 俄军装备维修保障力量的动员

苏联解体后,俄罗斯联邦通过修改和制定动员法规,逐步形成各项动员制度,并不断健全和完善。

一、关于动员的法规制度

1996年,俄罗斯联邦制定了《关于国防的联邦法律》(以下简称《俄罗斯联邦国防法》),但由于《俄罗斯联邦国防法》是国防领域的基本法律,其无法构建国防动员的具体制度。于是,俄罗斯联邦国家杜马于1997年1月24日通过了《关于在俄罗斯联邦进行动员准备和动员的联邦法律》(以下简称《俄罗斯联邦动员法》)。该法于1997年2月13日经联邦委员会批准,并于1997年2月26日正式公布。《俄罗斯联邦动员法》是俄罗斯历史上第一部有关国防动员问题的单行立法。除《俄罗斯联邦国防法》和《俄罗斯联邦动员法》外,调整俄罗斯联邦国防动员的规范性法律文件还有《俄罗斯联邦民法典》、《关于兵役和军事职务的联邦法律》(以下简称《俄罗斯联邦兵役法》)、《关于俄罗斯联邦铁路运输的联邦法律》等。此外,一些俄罗斯联邦总统的命令和俄罗斯联邦政府的决定也规范了动员准备和动员活动。前者如1997年11月14日俄罗斯联邦总统《关于在动员准备和动员领域联邦执行权机关权限的命令》,后者如2006年12月30日俄罗斯联邦政府第852号决定批准的《关于动员征召公民的规定》。属于动员和动员准备方面的法律法规有《俄罗斯联邦宪法》《紧急状态法》《戒严法》《国防法》《俄罗斯联邦动员准备和动员法》《兵役法》,2004年俄罗斯联邦总统第1082号命令——《俄罗斯联邦国防部的问题》《军事运输责任条例》(1998年俄罗斯联邦总统第1175号命令)等一系列文件。

二、分类建设、分类动员的制度

为做好战争准备,俄军积极推进军队改革,保证平时拥有一支数量足够、训练有素的现代化常备军以适应现代化战争的需要;逐步建立比较完善的预备役公民军事集训体系和制度,保证一旦需要即可使军队迅速从平时状态转为战时状态;加强军队平时作战训练,使军队保持较高战备水平;不断完善战场准备,为战时使用各军兵种创造有利条件。在此基础上,俄军进一步对现役部队采取分类建设、分类动员的制度。俄军按所担负的任务和满员程度,通常分为一、二、三类,满员率分别为75%以上、50%~75%、5%~50%。此外,还有少数动员师,满员率为5%左右。战时则根据具体情况和需要,按先后顺序对不同类别的部队进行动员。

三、民间维修力量的动员

俄军根据新的国家经济政策和军事改革形势,积极探索高技术武器装备维修保障力量建设的新突破口。在21世纪新战略的牵引下,俄军开始加大利用地方维修保障力量的力度。目前,俄罗斯已有许多民用企业参与大量高技术武器装备的日常养护、修理工作;战时,这些力量则通过动员,将参与更多的高技术武器装备维修保障工作。此外,俄罗斯还尝试由武器装备的供应方与维修机构成立小型专业化的附属企业,承担武器装备中复杂系统的维修工作。

俄罗斯还建立了与信息化条件下局部战争相适应的划区保障与平战结合的装备维修保障体制。俄军在高度集中统一的保障体制基础上建立起了具有区域联勤性质的划区保障体制,在各军区设立若干划区保障中心,负责对保障区域内的各军种进行后勤和技术保障。平时的维修保障由各军区设立的综合性技术修理中心承担,该技术修理中心属于非建制单位,具有一定的业务自由度和经济自主权,平时可以开展有偿出租仓储设备和提供运输及维修等服务;战时的装备维修保障,则由建制维修机构来组织承担。

第三节　其他国家军队装备维修保障力量的动员

除了美国与俄罗斯两个具有代表性的军事大国外,英国、德国、日本等国家也以满足作战装备维修保障需求为目标,加大了对地方维修保障力量的动员与使用力度,使其高技术武器装备维修保障力量体系能够与现代社会专业分工相适应。

英军就十分重视运用地方高技术武器装备维修保障资源的优势。目前,英军平时大量的装备维修保障工作,尤其是高等级的维修,基本上是由合同商负责的。例如,英国皇家海军舰船大修工作的40%以上是由私营船厂完成的。英军的战时装备维修保障,特别是高技术武器装备的维修,则大多是由生产厂家的战地服务队来完成的。

德军的目标是将全部维修任务交由地方的动员力量来承担。德国陆军2005年3月决定,把车辆和武器系统的维护业务全部交给私营企业来完成,并最终决定由4家企业承担。德国海军的装备维修保障工作约75%的部分已交由地方企业来承担。

日本自卫队根据本国没有专门的军事工厂,装备生产全由地方企业承担的特点,在装备维修保障方面,坚持建立军地结合的体制,不断加强和促进武器装备的军外维修保障。日本自卫队《维修管理规则》专门规定了利用民力实施维修的原则、分类和要求,并建立军外维修系统与军民结合的技术保障体系。经过几十年的实践,日本自卫队已将大部分基地级装备维修保障业务委托给了地方企业承担,高技术武器装备维修保障呈现出多样化的军地联修联供形式,军民融合达到了较高的程度。

第十二章
对我国装备维修保障力量建设的建议

装备维修保障力量是装备维修保障能力生成与发展的基础和前提,随着武器装备更新换代步伐的加快,加强装备维修保障力量建设,已成为世界各国提升装备维修保障能力的重要切入点。我军现代化水平的日益提高,不仅助推了装备维修保障能力建设,而且也使其步入了发展的新阶段。加强装备维修保障力量建设,已成为新形势下我军装备维修保障能力建设的重要生长点。研究和分析外军的经验与做法,对于科学推进我军的装备维修保障力量建设,具有一定借鉴和指导意义。

第一节 科学推进装备维修保障力量建设

新军事变革的加速推进,带动了武器装备的迅猛发展。武器装备信息化程度的提高及高技术化的发展趋势,对装备维修保障力量提出了更高要求,相应地,新形势下的装备维修保障力量建设也呈现出新特点。

一、装备维修保障力量建设的原则

装备维修保障力量是实施装备维修保障的重要物质基础。随着以信息技术为代表的大量高新技术在武器装备中的应用,装备维修保障力量建设面临越来越严峻的挑战。针对信息化条件下装备维修保障的特点,对装备维修保障力量建设应当重点把握以下几个方面。

(一)维修保障力量建设要坚持军地一体与平战结合

信息化条件下的战争已从单纯的军事对抗,走向军事、经济、科学技术等综合国力的较量,因此,装备维修保障力量建设也应从纯军事领域扩大到国家经济和科学技术等社会领域,强调以综合国力为依托,充分发挥社会力量的作用,坚持以军队装备维修保障力量为主,以社会技术力量为基础,以国家经济、技术潜力为后盾,构建军地一体、平战结合的装备维修保障力量体系,最大限度地把社会保障力量转化为军队装备维修保障力量。为此,应以军地一体、平战结合为目标,着力构建三种力量:①要构建以部队建制力量为基础的应急装备维修保障力量。部队建制维修保障力量熟悉现有武器装备性能、构造,训练有素,设施设备配套,战备水平高,具有较强的快速机动、快速保障、持续保障和对恶劣环境的适应能力,是应对高技术局部战争和突发事件的骨干力量。要在部队建制力量的基础上,选调精兵强将,配备高机动性的机动工具和综合化、智能化、便携式的维修保障设备,携行适量的维修保障物资、器材,进一步提高战备等级和水平,确保具有全天候、全方位、全区域的应急维修保障能力。②要构建以武器装备生产厂商和科研院所专家为基础的补充武器装备维修保障力量。武器装备生产厂商拥有大批专业技术人才、熟练工人和配套的检测维修设备,他们长期从事武器装备的研制工作,精通各种装备的原理、构造和故障规律,利用武器装备生产厂商的人才和设备优势,构建一支装备维修保障力量,平时可担负装备的售后服务,战时则随队实施保障。③要构建以预备役、地方动员力量为基础的支援装备维修保障力量。预备役、地方动员支前维修保障力量,数量多、保障资源丰富、保障基础雄厚、保障潜力大,是战役装备维修保障力量的重要组成部分,也是对现役装备维修保障力量的支援和补充力量。应依托作战地区就近的大中城市和经济发达地区,以具备维修保障能力的企业为基础,以转业、复退的军队装备部门军官及专业军士为骨干,组建预备役和地方装备维修保障动员力量。同时还应进行相应的战时装备维修保障训练。从近几场局部战争来看,军地一体、平战转换相结合的装备维修保障力量建设模式,对保障打赢信息化战争具有重要的现实意义。

(二)维修保障力量建设要立足现实并着眼未来

装备维修保障力量是完成装备维修保障任务的基本前提,装备维修保障任务决定和影响着装备维修保障力量的建设。如果装备维修保障力量建设脱离了装备维修保障的现实需求,其结果将影响装备维修保障任务的完成,甚至还会影响战争的进程。为此,装备维修保障力量建设应当紧紧围绕装备维修保障的现实任务来展开。如在保障装备、设备、器材等手段建设上,要与作战装备发展同步进行,逐步向配套化、标准化、通用化、系列化方向发展。同时,装备维修保障力量建设还要注重未来发展,应根据武器装备发展的进程和特点,科学预见未来武器装备发展的基本脉络和轨迹,为装备维修保障力量的长远建设提供基本依据,从而确立装备维修保障力量建设的长远规划,做到既防止装备维修保障力量建设前后脱节,又要避免短期行为。如美军在海湾战争前,根据前几场局部战争的经验和武器装备发展的速度,就预测出了信息化武器装备将会在不远的将来运用于战场。为此,其在继续做好机械化武器装备维修保障力量建设的同时,就开始规划和筹建具备信息技术的维修保障力量建设,尤其加快了与信息技术相关的高技术人才的培养、相关的技术设施和设备的研制。也正是对未来装备维修保障力量发展的密切关注,确保了美军装备维修保障力量信息化程度的较大提高,从而高效率地保障了战场需要。

(三)维修保障力量培训要兼顾专业素质与综合素质

装备维修保障人员是实施装备维修保障的主体,其素质的高低直接影响着装备维修保障的效果。随着高新技术武器装备不断运用于战场,装备维修保障人员不仅要面对各种复杂的武器装备,而且更要面对瞬息万变的战场环境,因此,既要具备良好的专业素质,高效率地完成装备维修保障任务,还要具备较高的综合素质,能够根据复杂多变的战场环境,及时、果断地处理好装备维修保障中出现的各种突发情况。因此,对装备维修保障人员进行培训,必须在抓好专业素质提高的同时,进一步抓好综合素质的提高,使装备维修保障人员不仅要具有良好的专业素质,还要具有良好的政治素质、军事素质和科学文化素质。目前,世界各国军队都把高素质人才培养放在了重要位置,尤其突出人员知识素养和工作能力的提高。美军和俄军从事装备维修保障的人员文化素质与其他国家军队相比一直都是比较高的,其中美军具有硕士、博士学位的已经达到了40%以上,其余大部分人员都具有本科学历;俄军具有硕士、博士学位的人员也达到了30%以上,其余大部分人员都具有本科学历。同时,美军和俄军还大力加强对装备维修保障人员的专业技能、思维能力、指挥管理能力以及开拓创新能力的培养,以提高他们分析解决实际问题的能力。

二、装备维修保障力量建设的着力点

人才是建设之本。认真抓好装备维修保障人才培养,建立一支结构合理、技术过硬、相对稳定的装备维修保障人才队伍,是关系到装备维修保障建设的全局性、长远性的大事。

(一)调整优化装备维修保障力量结构

随着高技术武器装备的飞速发展和作战应用,装备维修保障的内容正在向多种高技术相结合的综合保障转变,装备维修保障方式正由体能、技能型向知识、技术型转变,装备维修保障空间正由相对集中向高度分散转变。针对装备维修保障需求的迅猛增长和需求结构的巨大变化,必须调整和优化装备维修保障力量结构,以适应装备维修保障发展的新形势。

力量结构的调整,是依据各级担负的维修保障任务和应具备的技术保障能力进行的优化组合,不是做简单的加减。就编制而言,为确保各级保障机构达到其相应的技术保障能力,要加强后方基地级、中继级和基层级装备维修保障力量;就来源而言,要充分利用民间技术优势,精简部队建制保障系统,建立以现役力量为主体、预备役力量为补充、生产厂家和地方动员力量为支援,战略、战役、战术力量相衔接的装备维修保障力量新体系。

在后方基地级装备维修保障力量建设方面,建立部队建制内保障力量、预备役保障力量和生产厂家保障力量有机结合的军民兼容、三位一体的保障体系。依托专业修理工厂和装备承制单位,建立装备修理保障基地,战时抽组形成战略支援保障力量;依托院校、研究所抽组建立装备专家型保障力量,为平时和战时提供远程支援保障。以社会保障力量为主,完成装备大修。

在中继级装备维修保障力量建设方面,深化战区修理力量保障能力建设,形成辐射战区的集约化保障优势。力量的组成,技术军官以中等技术职务为主体,编配少量高级技术军官,技术士官队伍初中级比例适当。

在基层级装备维修保障力量建设方面,针对联合作战、信息化作战装备保障特点,加强战术保障力量的系统配套建设。突出战术保障力量的"综合、伴随、靠前"保障功能,形成编组灵活、功能多样、手段先进的战术保障力量体系。由建制维修保障力量,完成战场应急抢修和日常的装备保养和换件修理。

(二)完善装备维修保障力量培训体系

完善的装备维修保障力量培训体系,是促进装备维修保障人员能力提升的重要保证,是强化装备维修保障能力的有效途径。

(1) 要建立分层次的培训目标。根据新形势下作战任务和装备保障任务要求,按照"贴近部队、贴近装备、贴近实战"和"体现层次性、强调实用性、突出综合性"的原则,以装备维修保障的指挥军官、专业技术军官和专业技术士官为主要培训对象,科学确立各类装备维修保障人才的培养目标。装备维修保障指挥军官,要懂技术,会组织,善管理,具有较强的组织管理和协调能力;专业技术军官,要熟悉高技术武器装备,具有解决复杂技术难题的能力;专业技术士官,要熟悉本职专业,会使用,会管理,会检测,会修理,具有较强的实际动手能力。

(2) 要采取不同的培训方法。高级人才的培训以自我钻研学习为主,以理论研讨、学术交流等方式为辅;中级人才的培训以在职培训为主,脱产培训、人才交流为辅;初级人才的培训以专业院校培训为主,在职培训、人才交流为辅。

(3) 要拓宽培训渠道。要坚持"请进来,走出去"的思路,建立健全部队、军队院校、地方院校以及生产厂家相结合的培训体系。部队培训是立足于本职岗位,以岗位练兵方式进行的培训。通过本单位维修人员尤其是维修专家在维修技能、维修经验与作风等方面进行言传身教和互帮互教,促进本单位维修人员业务素质的养成,造就一支适应本单位维修工作的人才队伍。军队院校培训是维修保障人员队伍建设的关键,军队院校可以依托雄厚的师资力量、先进的维修思想,全面提升装备维修保障人员的素质。地方院校培训是依托国民教育和社会资源,采取合作办学、定向培养、联合培养等多种形式而进行的培训。地方院校活跃的维修理念、科学的知识结构、领先的技术水平,有助于丰富和完善维修人员的技能。厂家培训是维修保障人员队伍建设的有益补充,通过实地授课、现场排障、维护保养等不同专业知识的传授,可有力促进维修保障人员整体素质的提高。

(三) 健全装备维修保障力量训练体系

装备维修保障训练是保障力量建设的基本途径。20世纪80年代以来,随着计算机技术的发展和完善,美国、俄罗斯等军事大国以作战为导向,大力开发具有仿真、虚拟现实、低耗高效的训练模拟器,为装备保障人员训练提供先进的技术基础。利用仿真模拟与虚拟现实的方法,可使装备保障部队在"虚拟战场"环境中反复、节省、安全地训练各种装备保障技能,从而使训练可以经常进行,参与人数大大增加,并且使原来不可能涉及的训练领域成为可能。美国、俄罗斯等军事大国通过改革传统的训练模式,创新装备维修保障训练实践,培养了大量保障人才,并在战争中得到很好的回报。适应装备维修保障发展的需要,借鉴外军和平时期装备维修保障训练的先进经验和做法,在我军现有装备维修训练的基础上,除采取按纲施训、灵活组训等措施外,还应加大装备维修训练平台信息化的建设力度,推进装备维修保障训练的基地化。

(1)加强虚拟维修训练。虚拟维修训练具有背景多、费用低、周期短等优势,可以对维修决策、故障分析、维修作业等多个层面进行训练。今后,需要在提高虚拟维修能力上下功夫,做好专用维修训练系统的开发与运用,推进虚拟维修训练能力提升。

(2)推进模拟维修训练。模拟维修训练系统具有成本低、效果好、易推广等特点,可以在同一模拟现场完成各种不同环境的训练科目,能有效提高受训者的能力。当前我军装备发展迅速,各类装备维修训练模拟装置的发展有着很大空间。应当依托一些机械、微电子等专业实力较强的科研院所开发出实用、好用的模拟训练系统,并批量配发到各级部队。

(3)发展基地化维修训练。随着信息化装备的不断发展,"营院式"的小场地、封闭式训练模式,已很难适应装备维修保障训练的要求,建立和完善设施齐全、功能完备的训练基地,大力发展具有训练保障集约化、训练过程标准化、训练环境逼真化特征的基地化训练模式,已成为发展趋势。要本着布局合理、规模适当、功能超前、成果共享的原则,把训练基地建成集高新技术培训、在职培训、岗前培训、模拟训练、实装演练于一体,具备导调、对抗、管理、评估等功能的综合训练体系。

第二节 加强装备维修保障力量动员能力建设

维修保障力量动员是保持强大装备维修保障平战转换能力的基础和前提。随着我军军民融合装备维修保障体系建设的深度推进,维修保障力量动员,不仅将是我军装备维修保障能力建设的重要内容,而且还将会成为我军装备维修保障能力的重要生长点。

一、我军装备维修保障力量动员的现状

随着装备维修保障作用与地位的日益提高,装备维修保障动员在我国也逐

渐被重视。但就目前来讲,我军装备维修保障力量动员与打赢高技术局部战争的装备保障动员需求相比还存在很大差距,主要体现在以下几个方面。

(一)装备维修保障力量动员机制还不够完善

装备维修保障力量动员是弥补现役装备维修保障力量不足的重要手段,是提高平战时装备维修保障能力的客观要求,也是做好军事斗争准备的重要内容。但从整体上看,我国装备维修保障力量的动员机制还很不健全,严重制约着装备维修保障力量动员工作的顺利开展。

(1)没有统一的装备维修保障动员管理指挥机构。目前的国防动员机构中,在国家层面,还没有明确的装备维修保障动员综合协调管理机构,没有统一的需求提出汇总和归口管理部门,供需衔接运行不畅,装备维修保障动员需求不明,缺乏统一的规划计划。平时准备缺乏针对性,没有指导性,战时很难保证有快速高效的动员能力和理想的动员效果。装备维修保障动员工作分散于经济动员、武装力量动员等多个动员部门之中,各个机构的权力不明、职能交错、关系不顺,政府各有关部门分别接受动员需求,国家没有统一的动员需求接受、平衡和分解落实机构,对动员组织缺乏整体统筹、缺乏有效的指导和监督。同时,装备维修保障动员的技术性要求高,主要分布于各科研院所、军工集团公司以及其他国有、民营、私营、外资等高科技公司和企业,它们之中很多没有动员机构,而且它们之间以及与各级政府之间通常也没有行政隶属关系。目前,还没有明确的执法主体,致使维修保障动员工作缺乏权威性和执行的有效性。

(2)装备维修保障动员的法规体系还不完善。目前,涉及装备维修保障动员的有关法规主要有《中华人民共和国兵役法》《中华人民共和国预备役军官法》《民兵工作条例》《中国人民解放军装备条例》等,但是仍没有形成系统完备的装备维修保障动员法规体系。

(二)装备维修保障动员潜力管控制度不健全

经过40余年的改革开放,我国科学技术取得了巨大发展,基本上已经建立起学科门类齐全、专业结构合理、人才层次清晰的科学技术体系,培养了大批各类科技人才。一方面,国防科技工业稳步发展,科研机构和生产企业的科研能力和技术水平不断提高,培养和聚集了一大批素质好、能力强、水平高的国防科技人才。另一方面,地方高科技产业蓬勃发展,技术与设备先进,发展前景广阔。总之,多年的发展为我国装备维修保障动员积蓄了巨大潜力,但由于目前存在着对动员潜力资源管控制度不健全、管理手段与方式落后、动员潜力资源跟踪管理不及时等问题,极大制约和影响了动员建设与动员的平战转换效果。

(三)装备维修保障后备力量的总体素质和能力水平还较低

近年来,随着装备维修保障对战争的影响和作用越来越大,以及军事斗争准备的深入开展,针对我军装备维修保障能力的不足、战时装备维修保障需求缺口较大等问题,装备维修保障动员工作开始得到普遍重视。但就目前情况来看,装备维修保障后备力量还存在着总体规模小、组织结构不尽合理、动员战备训练程度低、训非所用、与现役装备维修保障缺乏融合、装备维修保障总体能力较低等问题。装备维修保障后备力量总体素质和能力水平的偏低,严重制约和影响着装备维修保障快速动员能力和保障能力的提高。

二、抓好装备维修保障力量动员工作的建议

装备维修保障力量动员是提高装备维修保障水平、确保战斗力生成的基础。随着武器装备现代化水平的日益提高,装备维修保障力量动员对打赢现代高技术战争显得越发重要。着眼现代战争对装备维修保障力量动员的现实需求,做好装备维修保障力量动员工作,应着力关注以下几个方面。

(一)牢固树立军民融合的装备维修保障力量动员思想

军民融合的装备维修保障力量动员思想,不仅反映了装备维修保障动员的时代特征,而且也揭示了新形势下装备维修保障能力建设的规律和特点。长期以来,我军形成的是以自身力量为主的装备维修保障体制,在这种维修保障体制下,建制力量是我军装备维修保障能力建设的主要依托。随着新军事变革进程的深度推进,武器装备现代化水平不断提高,这不仅使得装备维修保障需求规模急剧增加,而且也致使装备维修保障需求结构发生了重大变化。装备维修保障需求规模与结构的变化,使得单纯依靠军内建制维修保障力量,已远不能满足部队作战对装备维修保障的需要。

近年来,我国加大了对装备制造业的扶持力度,重大技术装备研发设计、核心元器件配套及加工制造和系统集成的整体水平均有较大程度的提高,这无疑为加强装备维修保障力量动员建设提供了广阔的发展空间。为此,牢固树立军

民融合的装备维修保障力量动员思想,坚持走军民融合的装备维修保障力量动员之路,通过充分发挥和利用国家装备制造业的技术和人才优势,加强部队装备维修保障能力建设,提升装备维修保障水平,这不仅对军地双方是互利双赢的好事,而且也遵循了新形势下武器装备维修保障能力建设的特点与规律。军民融合应成为当前和今后装备维修保障力量动员的基本政策取向。

(二)建立和完善装备维修保障力量动员机制

装备维修保障力量动员直接关系到地方企事业单位和公民的个人利益,单纯依靠行政命令、思想教育和爱国热情是远远不够的,必须建立和完善配套的依法动员机制,才能增强维修保障力量动员的权威性、强制性和时效性。因此,应做好以下几个方面的工作。

(1)要制定装备维修保障力量动员的专项法规,完善法规体系,以解决装备维修保障力量动员的有法可依问题。制定装备维修保障力量动员专项法规,是解决市场经济条件下装备维修保障力量动员难的根本,同时也是实施依法动员的前提。目前,《中华人民共和国宪法》和《中华人民共和国国防法》是装备维修保障力量动员工作最基本的法律依据。依据这些原则性条款,动员工作难以开展。市场经济是法治经济。为确保装备维修保障力量动员有法可依,应当抓紧制定装备维修保障力量动员的专项法规,以明确动员的范围、实施机构、实施程序、力量使用,被动员机构和人员的法律责任,被动员人员的待遇、伤亡的善后处理以及经济损失的补偿等内容。需要重点说明的是,制定装备维修保障力量动员专项法规以及完善装备维修保障力量动员的法规体系,切记要坚持以国家宪法、国防法等法律法规为依据,以打赢信息化战争对装备维修保障动员工作的要求为目标,同时还要与当前的社会经济体制相适应,并做到平战兼顾,战时从严。

(2)要健全装备维修保障力量动员的指挥管理机构,解决有法必依的问题。装备维修保障力量动员指挥管理机构,是国家在平时领导装备维修保障力量动员准备工作、战时组织指挥装备维修保障力量动员的机构。其基本任务是:在和平时期,领导装备维修保障力量动员准备工作,积蓄动员潜力和完善平战转换机制;在临战状态、战争和其他紧急状态下,负责装备维修保障力量动员工作的实施,采取各种措施使装备维修保障潜力向装备维修保障实力转化;在战争即将结束或战争结束后,组织装备维修保障力量复原,将装备维修保障体制由战时状态恢复到平时状态。健全装备维修保障力量动员机构,要着眼于装备维修保障力量动员工作的特点,不仅要做到"集中统一,精干高效",而且要"层次合理,关系顺畅",同时还要兼顾"军民结合,平战结合"。

(三) 加强装备维修保障力量动员潜力的调查与管理

装备维修保障力量动员潜力的调查和管理,是实施装备维修保障力量动员的基础性工作。搞好动员潜力的调查和管理,准确掌握潜力的种类、分布、数质量状况和变动情况,不仅是制定动员计划和预案的依据,同时还是平时有计划、有重点地进行动员潜力建设的依据,更是提高战时装备维修保障动员能力,实现快速有效动员的重要途径。在组织装备维修保障力量动员潜力调查和管理时,应注意把握以下几个问题:①要加强国防知识和动员法规的宣传教育,提高人民群众接受潜力调查的自觉性。②要强化潜力调查人员和相关工作人员的保密意识。③要加强与政府其他部门的合作,合理区分各级调查部门职责、调查对象和调查范围,避免潜力调查出现重复交叉。④要建设装备维修保障力量动员潜力数据库系统,在收集和整理基本数据的基础上,建立起动态的、实时的监控与管理手段。

(四) 储备丰富的装备维修保障人力资源

培养与储备装备维修保障人力资源,必须坚持平战结合、寓军于民的原则,与我国现行的民兵和预备役体制相衔接,将其纳入国家后备力量建设的整体规划,并注意维修人力资源的优化配置,使我军在战时能以聚合的方式综合运用各种维修力量。培养与储备装备维修人力资源,可采取以下两种形式:①组建预备役装备维修保障部(分)队,即依托武器装备研制生产厂商预组建装备维修保障部(分)队。这样,不仅能够满足战时快速动员的要求,而且有利于装备人员与设施、设备的最佳结合。②预组建民兵维修专业分队,即充分发挥各地区、各部门的技术优势组建民兵维修分队。这是把地方维修能力迅速转化为装备维修能力,把先进民用技术转化为军用技术,把先进生产力转化为部队战斗力的有效途径。预组建民兵专业维修分队,既要考虑普通装备的维修需要,也要考虑高新技术装备的维修需要;既要考虑部队专用装备的维修需要,也要考虑军民通用装备维修的需要。

(五) 强化装备维修保障力量的动员演练

装备维修保障力量动员演练,是在和平时期,根据装备维修保障力量动员计划和规定进行的装备维修保障力量动员演习和训练。加强装备维修保障力量动员演练，可以检验装备维修保障力量动员准备工作的质量，使装备维修保障力量动员工作涉及的单位和人员熟悉动员的实施步骤和工作方法，并强化装备维修保障力量动员所涉及人员的国防观念。装备维修保障力量动员演练，是形成装备维修保障动员能力的基础，加强装备维修保障力量的动员演练，既是当今世界各国的一贯做法，也是装备维修保障动员能力建设的现实需求。自20世纪80年代以来，从适应国家长远发展和安全需要出发，世界主要军事强国都开始推行"总体力量政策"，并逐步实行后备力量与现役部队一体化建设，以确保战时现役力量与后备力量的同步运用。美军为保持精选预备役部队较高的战备程度，在编制体制上尽可能使后备役部队与现役部队一致。为此，在现役部队中，美军通常编有后备役部队，并把现役部队中包括装备维修保障在内的支援保障任务更多地赋予预备役部队，以通过共同训练、共同执行任务，确保在战时能够迅速形成战斗合力。以色列也把所有后备役部队列入国防军序列，以使后备役部队与现役部队在各项建设中同步发展。要提高后备维修保障力量的保障能力，平时还要注重尽可能多地赋予后备力量维修保障任务，例如，让后备维修保障力量参与各种军事演习等活动，以提高后备维修保障力量的战备能力、战时动员效果。强化后备维修保障力量的动员演练，使后备维修保障力量不再仅仅是现役维修保障力量的一种"备份力量"，而成为国家武装部队中的一支"基本力量"。这应成为装备维修保障能力动员的目标与发展方向。

参考文献

[1] 张景臣. 军事装备维修保障概论[M]. 北京:国防工业出版社,2012.

[2] 李智舜,吴明曦. 军事装备保障学[M]. 北京:军事科学出版社,2009.

[3] 本书编委会. 中国人民解放军军语[M]. 北京:军事科学出版社,2011.

[4] 冯清先. 海湾战争后勤保障研究[M] 北京:金盾出版社,1992.

[5] 石磊. 高技术局部战争装备保障[M]. 北京:国防大学出版社,2001.

[6] 王美权. 美国战争动员与危机管理[M]. 北京:国防大学出版社,2007.

[7] 栗琳,等. 外军装备维修保障机械化信息化建设现状分析[C]. 装备可靠性维修性保障性研讨会,2007.

[8] 李大光,余洋. 从近几场局部战争看美军战时装备动员的特点[J]. 装备学术,2008(2):

72-73.

[9] 刘鹏. 俄罗斯联邦的动员准备与动员制度[J]. 西安政治学院学报,2009(6):74-78.

[10] 董志平,于海涛. 俄罗斯完善国防动员体制的主要做法[J]. 外国军事学术,2004(10):46-48.

[11] 梵高,王志闻. 高技术局部战争装备保障动员需要把握的问题[J]. 国防大学学报,2003(5):92-93.

[12] 田厚玉,毕研江. 论我军装备保障力量的转型方向[J]. 国防大学学报,2005(7):70-71.

[13] 马里,舒正平. 一体化联合作战装备保障力量的组织与运用[J]. 装备指挥技术学院学报,2007(4):30-34.

[14] 何嘉武,郭秋呈. 伊拉克战争美军装备保障措施和特点[J]. 外国军事学术,2003(8):40-42.

[15] 樊振安. 转型期的装备保障力量建设[J]. 国防大学学报,2006(2):86-88.

[16] 刘航,方世鹏,张正新. 外军装备保障发展趋势对我军装备保障的启示[J]. 通用装备保障,2009(11):50-51.

[17] 杨光跃. 联合作战发展对装备保障的新要求[J]. 军事学术,2009(3):47-49.

[18] 王增武,张松涛. 一体化联合作战装备保障训练应把握的问题[J]. 西北装备,2005(2):25-26.

[19] 王凤银,仲晶. 透视美军联合作战装备保障[J]. 装备,2004(7):58-60.

[20] 甘茂治. 从年会看美国国防部维修[J]. 维修理论动态,2007(16).

[21] 甘玉虹. 美国国防部《2006年装备战备完好性与维修政策通报》简述[G]. 维修理论动态,2007(15).

[22] 甘茂治. 2008年美国国防部维修通报简介[J]. 维修理论动态,2009(22).

[23] 美国防部公布2002年度《维修政策、规划和资源概要》[J]. 装备维修保障动态,2003(3).

[24] 外军装备维修保障训练研究[R]. 总装备部科技信息研究中心,2008.

[25] 俄罗斯军队装备维修保障研究[R]. 总装备部科技信息研究中心,2008.

[26] 陈军生,曹毅. 现代局部战争装备运用与保障战例研究[M]. 北京:国防大学出版社,2018.

第四篇

美军联合作战装备保障能力建设及借鉴

随着信息技术的迅猛发展及其在军事领域的广泛应用,新军事变革正在向更深层次、更广范围加速发展,战争形态也逐步由机械化战争向信息化战争转变,相应地,由诸军兵种共同参与的一体化联合作战也已成为现代高技术战争的最基本形态。联合作战装备保障是对参战诸军兵种部队及其他作战力量实施的一系列装备保障活动,是联合作战行动的重要组成部分,是部队战斗力生成、保持、增强及再生的重要手段,它直接影响着作战的进程与结局。为提高在未来战场上打赢和打胜的把握,当今世界各主要军事国家都在着力加强信息化条件下联合作战装备保障能力建设。

我军目前正处于建设发展的重要战略机遇期,新时期的使命任务及强军目标对我军装备保障能力建设提出了新的更高要求。瞄准信息化条件下联合作战装备保障需求,加强装备保障能力建设,形成体系作战装备保障能力,既是我军打赢未来高技术局部战争的有力保障,也是新时期深化军事斗争准备的基本着力点。

美国作为世界头号军事强国,其联合作战的经验最丰富,装备保障能力建设水平也最高,尤其是近几场高技术局部战争所展示出的装备保障能力,基本上代表了世界军队发展的最新趋势。为此,研究美军联合作战装备保障能力建设的经验,对指导我军新形势下的装备保障建设具有积极的现实意义。正是基于这一点,着眼我军装备保障建设的现实和紧迫需求,本部分系统分析了美军联合作战装备保障能力建设的主要途径和突破口,并结合其在建设过程中所取得的经验与教训,给出了对我军的启示,在此基础上,立足我国国情军情,提出了新形势下加强我军信息化条件下联合作战装备保障能力建设的对策建议。

第十三章
美军联合作战装备保障能力建设的主要途径和突破口

美军将联合作战装备保障能力建设,自始至终地寓于其军队信息化建设的历史性任务之中。在这一过程中,美军有许多好的做法和成功经验值得我军学习和借鉴。在美军看来,建设联合作战装备保障能力,需要与构建联合作战装备保障体系同步进行,以实现装备保障体系内各子系统、各层次之间的有机联系。为此,美军非常重视从思想层、组织层、器物层、行动层来优化装备保障体系的各子系统,通过先实现各子系统的一体化,促进整个保障体系的一体化,进而达成倍增效应,形成一体化装备保障能力:在思想层,力求形成系统化的装备保障理论;在组织层,力求形成联合化的装备保障体制编制;在器物层,力求形成体系化的保障装备;在行动层,力求形成一体化的装备保障行动。这四个方面正是美军联合作战装备保障能力建设的主要途径和突破口。

第一节 构建系统的装备保障理论

美军认为,保障理论是保障能力建设的关键,其不仅规定着如何思考装备保障行动和如何编组装备保障分队,而且还能够将新技术、新思想等转化为保障能力。为此,美军不仅把保障理论视为装备保障能力建设的有机组成部分,不断推陈出新,而且强调对保障理论的系统化设计,以求在源头上统一思想,为建设一体化联合作战装备保障能力奠定坚实基础。

一、创新发展装备保障理论

美军根据高新技术在装备保障领域的广泛应用以及战时装备保障所暴露出的问题,相继提出了一系列的装备保障理论。

（一）聚焦保障理论

"聚焦保障"理论作为美军装备保障发展的总体概念，于1996年在《2010年联合构想》中首次提出，并在2000年颁发的《2020年联合构想》中进一步得到确认[①]。美军认为，要摒弃过去那种大规模前沿部署后勤保障系统的"集结式"后勤和军种垂直补给方式，将采用限时再补给、空中快运、利用商业网络外购和军种间交叉保障等方法，提高将所需物资"从工厂运至前线"的速度与效率。做到这一点的关键是建立信息、后勤和运输技术一体化的后勤保障系统。通过计算机系统，可使保障部门适时掌握作战部队的需要，作战部队也能适时了解作战中物资的消耗和补充情况，从而做到适时按需向前方运送物资并保持对物资的跟踪。聚焦保障不仅强调及时保障作战的需要，而且还强调在保障需要的前提下，尽可能减少物资的调运和集结，寻求无须庞大后勤设施保障而能有效作战的方式方法。聚焦保障主要强调以下几个方面。

（1）强调装备保障与作战的高度一体化。美军指出，聚焦装备保障通过实时的网络化信息系统，"将作战人员与各军种及各支援机构的后勤人员有效地联在一起"，完全适应部队的需求，"使未来联合部队更加机动、更加多能而且更便于从世界任何地点进行投送"，实现作战与保障的高度统一。

（2）强调实施高度精确化的装备保障。在美军《2020联合构想》对聚焦后勤的界定中使用了四个"适当"，其核心就是强调针对部队的需求，提供最恰当的保障，强调数量、质量上的准确性，提供高度精确的保障。

（3）强调实施高效能的装备保障。"聚焦保障"是美军为应对联合作战需求而提出的一种全新的保障思想，其基本含义为：通过信息融合等高技术手段，将分散在任何地区的作战部队及其保障力量，快速而准确地聚焦于作战所需要的地点。"聚焦保障"理论的本质特征是突出装备保障力量的集中使用、装备保障能量的集中释放，强调集中使用各种保障力量和一切高技术保障手段，快速而

[①] 美军在《2010年联合构想》中首次提出了"聚焦式后勤"的概念，指出"聚焦式后勤是指综合运用信息、后勤及运输技术装备，迅速对危机做出反应，跟踪和转移甚至是在途中的人员与物资以及在战略、战役和战术级军事行动中都能提供特编的后勤部队和不间断的直接保障"。在2000年的《2020年联合构想》中，美军再次提到"聚焦后勤"，指出"聚焦式后勤是在所有军事行动中，在适当的地点和适当的时间向联合部队指挥官提供适当数量的适当人员、装备和补给的能力"——见军事科学院外国军事研究部译，备战2020—美军21世纪初构想，军事科学出版社，2001，第112-199页。

第十三章 美军联合作战装备保障能力建设的主要途径和突破口

准确地满足联合作战部队的各种需求。

（二）精确保障理论

精确保障由美国海军陆战队首次提出，其目的在于："通过信息技术在装备保障领域的广泛应用，降低库存，缩减保障工作量，为一线部队提供更迅速、更灵敏的保障。"

精确保障是信息化条件下装备保障的本质特征，从理论上讲，就是充分运用以信息技术为核心的高技术手段，精细而准确地筹划、建设和运用保障力量，以在准确的时间、准确的地点为部队作战提供准确数量、质量的物质技术保障，确保保障的适时、适地、适量，以便最大限度地提高保障效益，节约保障资源。概括地讲，就是用最小的保障资源满足最大的保障需求，以最低风险和代价达成最佳的保障效益，以适时、适量、适地原则达到精确化。

精确保障既考虑到了装备保障必须满足战争要求（以满足用户需求为中心），同时又考虑到装备保障必须实现最大限度的节约，坚持"供方"的效益标准。精确保障，反映了信息时代装备保障的本质，是实现保障有力和走投入较少、效益较高的军队现代化建设道路的具体体现。

（三）实时保障理论

实时保障理论强调保障的时效性，相对于美军以往"以反应性的物资补给为基础"的装备保障，"实时保障"强调建立"以物资配送为基础"的装备保障系统，避免了过多的物资堆积于战场，以及由此而造成人力、物力资源的损失和浪费。

与精确保障相比，实时保障更加突出装备保障的时效性，从"适时"转变为"实时"，虽仅一字之差，却标志着美军的装备保障由此进入了一个新的目标领域与发展阶段。

（四）感知与响应后勤理论

美军在2004年5月发布的《感知与响应后勤》概念文件中指出，"感知与响应后勤"可定义为以网络为中心的动态自适应后勤。所谓"感知"就是实时感知需求（包括作战与保障需求），所谓"响应"就是在规定的时间内对这些需求做出达到指挥官要求的反应[①]。"感知与响应后勤"理论是针对新一代"网络中心战"

---

① 王军良．探析美军装备保障创新理论[J]．装甲兵装备技术研究，2008(5)：137-140．

而提出的,是美军一个重要的装备保障转型概念和目标。感知与响应后勤具有以下特征。

1. 以网络为中心

感知与响应后勤是以网络力量为基础的,要求拥有动态保障网络和基于全资产可视化的高度灵活的补给网。所有保障和勤务活动均与作战情形(包括不断变化的指挥官意图、形势、环境以及部队能力状况等)动态适应。它将跨兵种、跨军种、跨组织的各种后勤资源和后勤能力整合在一个动态的保障网络中,通过信息技术支持,实现数据共享和战场态势感知,实时追踪后勤资源的消耗与需求,以及保障任务的完成情况。

2. 对战场态势变化适应性强

感知与响应后勤以保障不断变化的作战任务和基于效果的作战行动为目的,其动态保障网络具有高度的自适应性,网络上各个节点的职能和任务依据具体战场环境的变化进行动态调整,并根据当前的职能对其加以描述,进而根据作战指挥官的意图、设定的保障方案和对当前战场态势的感知来协调各节点间的关系。感知与响应后勤的机制、具体实施方法和程序都是灵活、可变的,可以根据具体情况加以调整,在降低后勤保障风险、提高后勤保障效果和减少后勤资源占用之间能很好地实现平衡。

3. 保障行动基于能力

感知与响应后勤强调以适应能力、自同步能力、快速反应能力和对战场态势的适时感知能力,实施对基于效果的网络中心战的保障,因此,获得适应能力和自同步能力是实现感知与反应后勤的内在要求。在感知与响应后勤系统中,后勤部门、作战部队和供应商要适应各种战场环境、各种作战样式以及依据战场态势自动调整角色,其既是信息提供者,又是信息使用者;既是提供保障者,又是被保障者。

4. 强调速度和效果

速度和效果是网络中心战独特的主导属性,是感知与响应后勤的两个重要因素。美军认为,在高度模块化、实时化的分布式适应性作战中,后勤需求在本质上是无法准确预测的,因此高效率的后勤保障所要求的认知模式转换和反应速度的提高,单靠补给链的有效管理,其潜力是有限的,只有提高后勤系统的灵活性才是提高反应速度的最佳途径。感知与响应后勤就是通过网络确认后勤

第十三章 美军联合作战装备保障能力建设的主要途径和突破口

需求和使用意向,对异常变化提前做出判断,直接处理实时后勤保障需求,并依指挥官意图对后勤网络进行动态调整,来提高后勤反应速度。

二、装备保障理论创新的焦点

从以上对美军装备保障理论创新的分析中不难看出,美军创新装备保障理论始终是围绕以信息技术为主的高新技术应用而展开的,其关注点主要是如何提高信息能力,用新的方法和模式不断提高装备保障的速度、效率和效能,以最终实现主动、精确、无缝的装备保障。

(一)关注装备保障中信息力的作用

美军认为,随着信息技术的发展及其在装备保障领域的广泛应用,信息力对于装备保障的地位和作用正在被重新认识,信息力作为装备保障能力的一个构成要素在未来将发挥难以估量的作用。为此,美军在装备保障变革中专门提出了"制信息权"的概念,强调"不仅必须有能力获取信息,而且必须有能力通过系统的兼容性分享信息,并在协调一致的战场行动中运用信息"。美军《联合作战后勤保障纲要》指出:"准确的(保障)信息,对于有效的保障计划工作、部队调动的协调以及持续保障作业,具有至关重要的意义。知道部队补给品的位置与实际拥有它们,几乎同等重要。"美军的精确保障理论、感知与响应后勤理论都提到了信息力在装备保障能力中的重要地位,并强调了获取和利用信息力的重要性。

(二)认为物流速度可以取代物资数量

现代战争发起突然,作战进程和节奏加快,部队机动性明显增强,要求装备保障必须具备快速反应能力和保障能力。基于此,美军提出了"速度保障"理论和"实时保障"理论。这些理论强调,提高装备保障效率,其核心是以速度换取时间、以速度换取数量。简而言之,就是以物流速度取代物资数量。

(三)探索利用民力保障的新思路和新方法

利用民力保障并不是美军的首创,但美军对装备保障利用民力问题提出了一些新的认识,并对利用民力的方法进行了新的探索。在利用民力保障的范围上,美军认为,除少量军事性极强的核心保障职能外,几乎所有保障业务都可交由民间公司承担。在利用民力保障的方式上,美军主要有两种:①供货商的直接保障,即由民间商业企业绕过军队传统的采购、储存、运输、分发等环节,将物资直接送到部队用户手中;②承包商的保障,即将军队的装备保障工作以合同形式交由民间企业来完成。另外,在使用承包商的指导原则、承包商类型、承包商在战场上的位置、战场承包商的指挥与控制等方面,美军都有比较成熟的理论。

(四)目标是实现主动、精确、无缝的装备保障

虽然早在20世纪80年代,美军就提出了"适时、适地、适量"的保障原则,但由于技术手段的局限,在实际中一直未能实现。即使在海湾战争和伊拉克战争中,美军运往战区的物资也远远超过了实际需求。美军提出精确保障理论和感知与响应后勤理论,就是希望能够突破以往装备保障中"越多越好"的观念。美军认为,信息技术、传感技术等高新技术将使军队第一次有能力对装备保障资源和需求了如指掌,尽管这一目标的实现还需要技术的进一步成熟,但主动、精确、无缝将是美军乃至世界各国军队装备保障的发展趋势和未来目标。

第二节 建立联合的装备保障体制

结构决定功能。同样的构成要素,组合形式不同,形成的保障能力也就不同。只有科学合理的保障体制,即遵循装备保障组织体系各要素之间内在的、必然的联系,把各种要素有机结合起来的体制,才能促进保障能力的生成和增长;反之,则会阻碍和抑制保障能力增长。装备保障体制能够从全局上解决装备保障体系内部各要素组合方式和分工协调的问题,对保障体系内部各构成要素组合成有机整体具有根本性的作用,是装备保障体系各构成要素有机结合的基本纽带。着眼信息化条件下联合作战装备保障能力的建设与提升,美军着力加强了装备保障体制建设。

一、装备保障体制建设的特点

(一)充分利用现代管理手段,促进保障体制精简高效

现代高新技术的发展尤其是电子信息技术的发展与应用为装备保障效率的提高提供了有利条件,并为装备保障体制的变革奠定了基础。美军牢牢抓住

第十三章 美军联合作战装备保障能力建设的主要途径和突破口

高新技术迅猛发展为装备保障能力建设带来的历史机遇,积极把信息技术、网络技术引入装备保障领域,开发建立了"全资可视化"系统、物资调运补给系统、远程保障系统和指挥自动化系统等先进的保障管理系统,实现了装备物资的可视化管理,确保了对装备物资分布状态的了如指掌。先进的装备保障管理系统,不仅简化了装备保障的组织管理程序,也精简了装备保障的作业机构。利用先进的装备保障管理手段,美军在近几场局部战争中基本实现了两级保障体制,基层级实现了伴随靠前,基地级实现了有力快速的后方支援。这也充分体现了现代高技术战争条件下减少保障环节、突出保障能力的发展思路。

(二)装备保障的统一管理向更高层次发展

装备保障的统一管理包括两方面内容:①由总部领导机关对三军装备保障方针、政策的统一领导和统一计划调控;②保障作业机构统一实施三军通用装备物资的保障工作。从统一管理层次上讲大致分为两个层次:①由国防部对三军装备保障的统一领导,统一组织保障作业机构实施对三军通用装备物资的保障工作;②由战区或联合作战的装备机关统一领导战区或联合作战部队的装备保障工作,统一组织战区(联合作战部队)保障作业机构实施战区内(联合作战)三军通用装备物资的保障工作。

以陆军为例,美国陆军在保障统一管理的形式和内容上是灵活的、多种多样的,既有总部级的统一管理,又有战区(联合部队)级的统一管理;既有对某些通用装备物资的统一管理,又有对另一些装备物资的分别管理。

(三)军地一体的装备保障体制更加完善

未来战争的装备保障工作,需要大力借助后备役部队和地方各种保障力量,来合作完成繁重复杂的保障任务。为弥补战时部队自身保障能力缺口,缓解战时部队装备保障需求与建制保障力量供给之间的矛盾,在近几次局部战争中,美军大量使用了后备役部队和合同商保障力量。美军通过与民间维修承包商签订武器装备维修合同,征用了维修承包商的大量专业技术人员参与军队的保障工作,较好地解决了"平时少养兵"与"战时用兵多"之间的矛盾。经过多年的实践与探索,美军军地一体的保障体制逐步完善,其不仅法规制度完备,而且组织机构健全,同时为提高军地一体保障的效率和效益,对利用合同商进行保障,美军还建有相应的风险防控体系。

（四）供、管、修一体化的保障体制和趋于模块化和综合化的作业体制

美军的装备管理部门大都上下对应协调,保证了管理渠道的畅通;集供、管、修等业务于一体,保证了相互配合。在保障作业单位的编成上呈模块化的趋势。美军通过总结海湾战争的经验,提出了采取"积木式"编制体制的原则,以便战时根据被保障部队的编成,按照积木原理快速编组。从其一些军队的发展来看,这种"积木式"编组将向更高层次发展,即把供、救、运、修等保障力量和防卫力量混合编组,分成若干保障单元,每个单元都具有指挥、保障和防卫等全般功能。基本要求是"能在最短时间内,以最少的人力,全面满足作战部队的需要",以更加灵活的编组实现快速、高效的保障。其特点是规模小、功能全、机动性好、生存力强,并可按任务需要任意组合。

二、装备保障体制的发展趋势

在新军事变革的推动下,随着军队信息化建设的突飞猛进,军队的体制编制发生了明显改变,相应地,装备保障体制逐步呈现以下的发展趋势。

（一）装备保障体制朝着信息化、网络化方向发展

信息化条件下,结构力和信息力将成为装备保障力的核心构成要素。为此,优化装备保障体制,充分发挥信息力和结构力在装备保障效率和效益提升中的作用,成为美军调整和优化装备保障力量结构工作中重点考虑的问题之一。

鉴于机械化战争时期所形成的树状装备保障体制具有"信息流程长,横向之间缺乏连接;抗毁能力差,被切断"一枝",就影响一片,切断"主干",则全部瘫痪"等弱点,为适应信息化战争的要求,美军已酝酿变纵长形树状装备保障体制为扁平形网络化装备保障体制。网络化装备保障体制的最大优点是信息传输快,抗毁能力强,保障层次少,信息流程短,能够使尽可能多的保障单元同处于一个信息流动层次,从而实现信息流程最优化,信息流动实时化,信息的收集、传输、处理、存储、使用一体化。当前,信息技术的迅猛发展已经为装备保障体制变革奠定了坚实基础,随着信息技术在装备保障领域的广泛应用,装备保障体制必将朝着信息化、网络化的方向发展。

（二）装备保障体制将更加精干、高效

随着武器装备高技术化、集成化的发展，仅靠部队建制力量已难以满足装备维修保障需求，加之冷战后各国军队的大幅裁减，使传统的由军队自己包办装备保障的思维模式日益受到挑战，而广泛依托社会技术力量则成为此轮军事变革背景下各国加强装备保障能力建设的新共识。充分挖掘和利用社会技术力量，不仅可充分利用地方先进的经营方法和人力、物力，提高保障效率和效益，还可大大缩编建制保障力量，缩小保障摊子，使装备保障体制更加精干、高效。正是基于这样的考虑，美军提出了"后勤保障社会化"的思想，并为此制定了"利用民力加强军队后勤"的计划和一系列的法规制度。同时，美军在近几场局部战争中的出色表现也充分验证了社会技术力量在装备保障建设中的地位和作用。总体上看，依托社会技术力量，建立精干、高效的装备保障体制，将装备保障建设融入国家和社会经济发展体系，将成为未来军队装备保障的发展趋势。

（三）作战装备保障部（分）队编组将朝一体、多能、小型、模块化方向发展

随着武器装备、保障理论、保障方式和保障人员进一步向信息化方向发展，机械化时代的装备保障体制将无法包容信息化时代装备保障的新内涵。美军认为，适应信息化战争的需要，后勤单位必须实现模块化、易组合和灵活机动，要发展多能、易部署和可扩编的后勤系统。为此，美军后勤部（分）队的编组原则和编组方式已开始发生重要变化，并将进一步朝着模块化、多能化、小型化和一体化方向发展[1]。随着新军事变革的纵深推进，一体、多能、小型、模块化的装备保障部（分）队编组模式将会被越来越多地采用。

第三节　发展体系化的保障装备和手段

随着现代信息技术在武器装备上的大量应用，未来作战正在朝精确化方向

---

[1] 一体化，是指军队、预备役和民间保障力量的一体化，军队建制保障力量的一体化，战略、战役、战术保障力量的一体化，平、战保障力量的一体化；多能化，是指改变按专业组建保障部（分）队的传统做法，把经过基地化训练的职能单一的各种专业保障单元组合成规模、类型、保障能力各不相同的综合保障力量；模块化，是指保障部（分）队可以按照作战需要和不同的保障任务，临时从各保障单位灵活"拆卸"保障力量，按需"组装"，像拼积木一样组成多元保障体，使各保障单元的保障能力得到充分发挥。

发展,相应地,对装备保障的要求是越来越高。为适应未来信息化战争对装备保障的需求,美军着力加强了保障装备和手段的建设。从总体来看,美军加强保障装备和手段建设的一个突出特点,就是在各类保障装备和手段的研制与开发中大量应用信息技术。

一、信息技术在保障装备中大量运用

(一)建设了具备一定信息化水平的保障平台

经过多年的不断改进,美军主要的保障平台已经装备了一定数量和技术水平的电子信息设备,具备了一定程度的信息获取和处理能力。尤其是近年来,受几场高技术局部战争的影响,美军充分认识到了提高保障平台的信息化水平对于打赢现代战争的重要意义,为此更是加大了利用信息技术成果改造现役保障平台的力度。例如,美军对现役维修供应船进行大范围的电子设备改装,装配用来分析、审核维修工作量和确定最佳修理方案的计算机系统,以提高维修工作的效率和科学性。但就总体而言,美军保障平台的信息化程度仍低于其主战平台,特别是在战场抢修装备和地面运输车辆等保障装备方面,其信息化水平还难以满足当前信息化战争的需要。

(二)对现役保障装备进行信息化改造

随着现代信息技术的飞速发展,为适应信息化战争对装备保障的需求,美军着力加强了对现役保障装备的信息化改造,其主要做法就是将成熟的信息技术推广应用到各类保障装备上。

美军对现役保障装备的信息化改造主要包括以下几个方面:①加装先进的导航控制系统。例如,美军C-5重型战略运输机自1969年12月交付使用以来,先后多次加装电子设备。仅1999—2002年期间,美军就为126架C-5更新了机载电子设备,换装了新的通信和导航设备,装备了新型数字式全球空中交通管理系统和全天候飞行控制系统。②加强保障平台的电子对抗能力。美军在"黑鹰"直升机服役期间为其加装了主动和被动自卫系统;在"供应"级快速战斗支援舰服役后,美军除为其配备防御性武器外,还配备了多种电子探测设备,以防敌方的空中袭击。上述措施在一定程度上提高了保障平台的战场生存能力。③加装相应的信息系统。美军陆续为部分保障平台加装了相应的保障信息系统和数据库,提高了网络化保障作业的能力。

(三)利用信息技术开发新型保障装备

美军非常重视开发先进的新型信息化保障装备,主要体现在以下方面:①不断研发新的保障信息系统。美军认为,为了支持未来的信息化战争,保障装备和保障信息系统必须是高度网络化的,必须能够实时获取、处理和发布战时保障行动所需的信息,以便及时采取必要的保障行动,并且能够在高度透明化的战场上具备强大的生存能力。美国国防高级研究计划局就曾在2001—2004年间开展了一项名为"超级保障"的研究项目,开发出了一种具有高度生存能力的保障规划和执行信息系统。②加强对新型保障平台的开发。美军开发的"联合运输直升机"于2015—2020年间开始装备部队,拟替换美军各军种现在正使用的多种运输直升机。该型直升机将采用当前最先进的数字航空电子设备和飞行控制系统。此外,美军也正在加紧高速海运船舶的试验与开发工作。③研发先进的保障设备。自20世纪90年代以来,美军陆续开发和应用了便携式维修辅助设备、嵌入式诊断设备、自动识别设备等,目前正在开发以网络为中心的维修系统[①]。

二、研制通用化、标准化、模块化、综合化的保障装备

标准化的保障装备可以成倍地降低多种专用装备的开发费用和寿命周期

[①]以网络为中心的维修思想最先由美海军提出,目前已成为美军各军种装备维修的指导思想,并成为世界各国军队维修能力建设的重要发展方向。以网络为中心的维修,其实质就是最大程度地利用互联网和军用通信网络,使维修机构和维修人员能够通过安全的网络化设施解决装备的维修问题,达到降低维修费用、提高维修效率的效果。按照美国海军的规划,以网络为中心的维修系统将具备五种能力:一是远程诊断能力——从远方的地点向潜艇上的"故障诊断子系统"发出指令,运行系统级/子系统级的诊断程序,通过远程诊断可以获得有关潜艇故障的大量信息,专家可根据这些信息提出切实可行的解决方案;二是预防性维修的远程准备能力——从远方地点对潜艇上出现故障的子系统开展维修前的准备工作(主要是检查),以方便预防性维修过程的实施;三是远程测试和鉴定能力——使用现代化的信息技术,从远方地点对潜艇上的子系统进行测试和鉴定;四是远程下载软件的能力——通过网络向潜艇提供软件更新服务,以支持潜艇上的设备安装和改进工作;五是远程维护"潜艇配置数据库"的能力——利用潜艇上安装的摄像机拍摄所有系统和设备的数字图像,利用软件确定出这些数字图像的实际尺度。这些信息通过网络直接传输到岸上维修中心的"潜艇配置数据库"中。美国海军计划分阶段发展以网络为中心的维修系统,该系统不仅应用于潜艇,将来还要应用于美国海军的水面舰艇、飞机和各种武器系统。

的使用保障费用。美国国防部要求开发商必须采用标准化的检测设备，以满足装备的测试要求。

模块化是指在设备研制时立足于现有的要求和技术水平，但在功能上和技术上留有充分的余地，给设备功能的进一步扩展和技术的更新做好准备，一旦条件成熟，即可适时地将扩充的功能和新技术引入系统中，从而使设备无论在性能上还是在经济上都能达到新的水平。

综合化是利用系统工程的方法，通过权衡分析，把与装备保障有关的新工艺、新技术和新方法等有机地融合在一起，研制出多功能的综合保障设备。例如，美军目前非常重视将各种有效的检测诊断方法（如声、振动测试和分析技术、测温技术、油液分析技术、应力、应变测试技术、无损检测技术等）综合在一起，发展综合自动检测和诊断设备，利用一种设备即可对装备性能进行综合判断。

三、在主战装备中加载嵌入式诊断设备

嵌入式诊断设备的作用是在系统运行或基本不拆卸的情况下，掌握系统当前的运行状态，查明产生故障的部位和原因，预知系统的异常和故障动向，并以声、光和显示屏等多种形式进行信息输出，来辅助操作人员和维修人员采取必要的措施。

美军是最早发展嵌入式诊断设备的军队之一，其设备代表了当今世界的最高水准。美国陆军开发的内置式模拟诊断（AED）系统，可预测故障的发生，帮助维修人员迅速查明故障所在，且不需要进行反复检测。AED系统不仅应用于地面车辆，还可用于AH-64"阿帕奇"直升机和UH-60"黑鹰"直升机。美军M1A2主战坦克的自诊断系统，不仅能使乘员简单方便地对故障进行查找和定位，而且在出现轻微故障时，还能自动重组硬件以便充分利用剩余功能。在出现故障时，乘员和计算机系统都可以启动故障隔离测试软件，分离出现故障的可更换模块，然后通过更换故障模块进行快速修理。美军的实践证明，嵌入式诊断设备是提高武器装备测试性、维修性和提升复杂武器系统快速维修能力的最为简便和有效的技术手段。

四、交互式电子技术手册得到普遍应用

美军发展的交互式电子技术手册是将技术手册的内容以数字化的格式储

存,并以交互方式进行查阅,通过计算机控制的电子显示系统(EDS),将维修技术人员或系统操作人员所需的特定信息(如文字、声音、影像、图片等),精确地展现在使用者面前,以利于装备的使用和保障活动的实施。

自1992年美国国防部提出开展交互式电子技术手册项目的研究与开发工作以来,美军已制定了一系列通用标准和专用标准,用以指导交互式电子技术手册的开发、应用与实施,并以统一的格式,规范交互式电子技术手册的开发质量,使其能在不同部门之间、不同计算机平台上互操作。目前美军的主要武器装备,如M1A1主战坦克、M119榴弹炮、M2/M3"布雷德利"战车、"复仇者"地空导弹系统、"陶"式反坦克导弹、"爱国者"地空导弹系统、"霍克"导弹雷达系统等,都使用了交互式电子技术手册。

随着技术的不断发展,美军的交互式电子技术手册与互联网实现了有机结合。1998年3月,美国海军航空系统司令部根据互联网技术的发展,提出了基于Web的交互式电子技术手册体系结构,成为美国国防部发展网络化、一体化、交互式电子技术手册的标准体系结构。另外,随着XML技术的迅速发展,美军已使用XML作为交互式电子技术手册的数据格式标准。

五、保障指挥系统与作战指挥系统朝一体化方向发展

近年来,为了充分发挥保障力量在战争中的作用,提高战时装备保障的实时性和精确性,美军一直非常重视保障指挥自动化系统的开发、完善及其在战场上的使用,并力图实现保障指挥系统与作战指挥系统的一体化。早在海湾战争时期,美军就已经开始部署使用了多个保障指挥系统,如"联合部署系统""战术陆军后勤计算机支援系统""标准化信息管理系统""标准化陆军零售补给系统"等。这些系统对美军的物资供应和维修发挥了巨大作用,但由于它们都是独立的,没能与作战指挥系统有机结合起来,在一定程度上导致了保障与作战的脱节,影响了总体作战效能的发挥。

海湾战争后,美军开始重视保障指挥系统和作战指挥系统的结合,并取得了一定程度的进展。如美国陆军把用于战区内保障指挥的"战斗勤务保障控制系统"纳入"陆军战术指挥控制系统"之后,有效地缓解了作战与保障不能同步的问题。在2003年的伊拉克战争中,美军的保障指挥控制系统与作战指挥系统实现了一定程度的结合。目前,美军正在根据伊拉克战争中暴露出来的问

题,对保障指挥系统与作战指挥系统的结合问题开展进一步的研究,预计在不久的将来,保障指挥系统将成为整个作战指挥控制系统的有机组成部分,实现作战指挥和保障指挥的高度一体化。

第四节　实施一体化的装备保障训练

积极开展信息化条件下装备保障训练,是打赢信息化战争的迫切需要,是提升装备保障能力的重要途径。美军积极探索信息化条件下战争实践和军事转型,在装备保障训练方面为世界各国军队提供了可供借鉴的经验[①]。

一、坚持战训一致的指导思想

早在20世纪80年代,美军就强调以实战为标准,"战时怎么打,平时就怎么练",要求没有参加过实战的人员和部队通过训练获得"实战经验"。

(1) 立足作战任务,确定训练内容。美军强调,军事训练要着眼于作战任务,要以作战任务为导向,确定军事训练的内容。美军一直按照国家安全战略和国家军事战略的要求,以主要作战任务为导向,制定相应的训练和演习计划,合理分配资源,突出与实战密切相关的训练科目。美军根据未来作战需要,在联合作战训练的内容上进行改革与创新,进一步完善训练内容:①在传统单兵训练、集体训练和军种合同训练中,大幅增加联合作战的内容;②充实和完善联军训练、跨机构训练等内容;③大量增加有关信息战、反恐战等内容。目前,在美军各军种的训练量中,联合作战训练已达到70%~80%左右。

(2) 依托高技术手段,确定训练方法。美军依托其高技术手段,广泛采用多种训练方式。①运用基地训练。为适应作战需要,美军建设了专门的综合训练中心和大型训练基地,为部队开展作战训练创造高难度、逼真和适时的训练环境。②采用模拟训练。美军认为,采用模拟训练既可以及时调整训练的难度和强度,节省训练资源,缩短训练与实战的差距,提高训练效益,还可以使部队在逼真的环境中反复、安全地训练各类作战行动和技能,为此,美军建立了多层次、多类型、多用途的训练模拟系统,基本实现了训练模拟化。③采取网络训

[①] 王守国,汤庆钊,张艳峰. 信息化条件下美军装备保障训练特点及启示[J]. 装备,2012(1): 53-55.

练。训练手段网络化,是美军运用数字通信网和计算机远程分布交互技术、聚合仿真等高技术,使分布在不同地区、不同种类和级别的训练模拟系统通过信息网络有机结合,从而增强训练客观性的有效方法。

二、坚持集中统一的管理体制

美军建立了集中统一的装备训练体制,确保装备保障训练规范统一。首先,训练指挥权集中统一。美国陆军教育训练由陆军训练与条令司令部统一领导,具有很强的训练指挥和保障能力。陆军装备司令部在装备维修训练领域为训练与条令司令部提供支持,如参与制定训练方案、编写教材、提供训练器材等。其次,训练活动规范标准。美国国防部、陆军部和陆军各职能司令部按职责分工,颁布了一系列训练法规制度,对维修训练提供全方位指导。其中,既有宏观指导训练工作的《陆军条令》,也有指导战场维修活动的《战场手册》,还有为维修活动提供具体技术指导的《技术手册》。完备的训练法规制度体系有效保证了装备保障训练各个环节都有章可循、有法可依,提高了装备保障训练的规范性和科学性。

三、坚持信息主导的训练理念

美军坚持用信息主导的装备保障训练理念,创新装备保障训练方式。信息技术的快速发展为装备保障训练的发展提供了机遇,美军重视利用信息技术成果创新训练方式和手段,训练的信息化程度日益提高。利用网络和通信技术,美军可向部署在不同区域的装备保障人员提供远程分布式训练,维修保障人员可以随时随地接受高质量的训练。在训练手段上,美军大力开发模拟维修设备及其他各种维修训练模拟器,让维修保障人员在模拟环境下进行训练。此外,美军还开发了许多针对装备维修保障训练的信息化设备与系统,来为部队装备保障训练提供有力支撑。

四、将联合理念贯穿于军事教育训练的各个方面

美军认为,在现在和未来战场上,联合作战是主要作战模式,因此,加强联合作战训练,培养和造就联合作战人才,成为美军军事职业教育的核心诉求。

(1)在教育训练体系方面,贯穿联合理念。美军《军官职业军事教育政策》

用"连续统一体"来描述整个军官职业教育过程,包含任命前、初级、中级、高级和将官级层次。美军把培养联合作战指挥人才紧密结合于5个层次中,从任命前就开始向军人灌输联合作战的思想观念,到高级军事职业教育阶段则进行完全的跨军种、部门、国家的联合作战教育训练,在培训任务和目标上既各有侧重、分工明确,又相互衔接、贯穿全程。美军《军官职业军事教育政策》还强调,所有的军官必须完成任命前、初级和中级联合职业军事教育。军官要拥有联合部队的指挥资格,必须要在中级学院或军种高级学院完成第一阶段的联合职业军事教育,以及高级学院、联合和合成作战学校、国家战争学院、武装部队工业学院和联合高级战斗学校的第二阶段课程。

(2)在教学内容方面,将联合科目作为重点。根据《戈德华特—尼科尔斯国防改组法》的要求,各军种的所有中级和高级职业军事教育机构必须实施占相当比重的联合科目教育。依据此法,现在美军的联合作战指挥教学内容已经占到其整个职业军事教育课程的75%以上。

(3)在教员、学员构成方面,联合特点突出。在学员来源和构成方面,美军强调不同军种的混编,以便互相交流增进联合思维能力。提高学员的军种混合比例,旨在为在校期间的学习提供一个良好的联合文化氛围;而高度混合的教员队伍,将为学员提供真正的联合视野。《军官职业军事教育政策》规定,在学员方面,如"高级军事学院中来自本军种的学员比例不超过学员总人数的60%";"中、高级学院的讨论式课程的人员构成至少应包含两名其他军种的学员"。在教员构成方面,对中级军事学院和高级学院其他军种教员的比例也作出了相应的规定。

五、建立职责分明的装备保障训练组织形式

美军依托联合作战指挥体制、后勤保障体制和联合训练体制,建立了以战区司令部为主导、后勤保障机构相配合、联合训练为依托的联合作战装备保障训练组织形式[①]。

(一)战区司令部为主导

从20世纪70年代开始,美军在多次局部战争实践的摸索中逐步建立了以"总统/国防部长(通过参谋长联席会议)—联合司令部司令—下属联合司令部

---

① 何海宁. 美军联合战役装备保障训练组织形式探析[J]. 装备学院学报,2013(3):9-12。

司令(或联合特遣部队司令)"为核心的作战指挥系统。战区联合司令部是美军具体组织实施联合作战的指挥机构,拥有战区范围内所属部队除行政、管理以外一切事务的指挥权,包括联合战役装备保障训练的组织实施。但通常情况下,美军的联合战役装备保障训练不单独组织实施,而是纳入联合训练年度计划之中,由战区联合司令部会同作战训练一并实施。

(二)后勤保障机构相配合

美军后勤保障建立了"总统／国防部长—军种部长、参谋长—军种部队"的行政领导系统,主要负责美军的行政管理和后勤保障工作。其中,参联会联合参谋部后勤部是美军后勤保障的最高指挥机关,主要通过陆军参谋部的后勤副参谋长、空军参谋部的基地与后勤副参谋长、海军作战部的舰队与后勤副部长和海军陆战队的基地与后勤副司令,对美军的后勤工作进行协调和指挥;国防部直属的国防后勤局及其下属补给中心、国防仓库和勤务中心等是美军后勤保障的联勤机构,负责平时与战时全球美军通用物资和共同勤务的统一供应和保障;各军种的后勤保障机构负责本军种的专用武器装备供应和勤务保障。尽管这些后勤保障机构是美军联合作战装备保障的直接组织实施者,但受美军联合训练体制制约,它们并没有直接组织联合战役装备保障训练的权力,而是在战区司令部的主导下,以联合训练保障者和联合战役装备保障训练对象的双重身份,配合战区司令部,在完成联合训练保障任务的同时,完成联合战役装备保障训练任务。

(三)联合训练为依托

从理论上来讲,后勤保障机构是美军联合作战装备保障的实施者,也是联合战役装备保障训练的主体对象,理应成为联合战役装备保障训练的直接组织者。但从实践来看,由于美军联合训练指挥权的高度集中,且战区平时不设统一的后勤保障指挥机构,故其联合战役装备保障训练只能由后勤保障机构根据战区司令部的联合训练保障需求,在提供业务保障的同时提出本单位的联合训练需求,由战区司令部纳入统一的联合训练计划之中,统一组织实施。

第十四章
对我军装备保障能力建设的启示与建议

当前,我军装备保障建设已经步入了发展的新阶段,积极借鉴外军装备保障建设的有益经验,是加强我军装备保障建设的现实需要。但由于各国的国情军情不尽相同,学习借鉴外军,一定要结合我国的国情军情,搞清楚什么可以学、什么不能学,切不可采取简单的拿来主义。

第一节 美军联合作战装备保障能力建设对我军的启示

联合作战装备保障能力建设是一项庞大的系统工程,在建设实施过程中,难免会遇到各种各样的困难,也会走一些弯路。美军的联合作战装备保障能力建设成绩瞩目,但也不是一帆风顺,这其中既有经验也有教训。从美军联合作战装备保障能力建设实践来看,我们可得到如下启示。

一、要形成统一的思想认识

统一思想认识是顺利推进联合作战装备保障能力建设的重要条件。思想不统一,认识不一致,将会严重影响装备保障信息化建设的进度,进而影响装备保障能力的建设。虽然美军充分认识到了建设信息化军队和一体化联合作战能力的重要性,但对于如何建设信息化军队和一体化联合作战能力则有不同的认识。激进派认为,应从作战理论、体制编制、武器装备各个方面全力推进军队的信息化建设,加速完成由机械化军队向信息化军队的转型,以建设一体化联合作战能力。稳健派认为,在联合作战能力建设中,要兼顾军队信息化建设和保持部队较高的战备水平,不能顾此失彼,尤其要防止因对作战体系的过激改造而降低作战能力。而保守派则认为,应随国家信息化程度的推进,按部就班地逐步完成军队信息化建设,提高一体化联合作战能力。这些争论的存在,无疑将影响军队信息化建设的总体方略,也必然制约一体化联合作战能力的建设。为此,要稳妥推进我军信息化条件下的装备保障能力建设,必须要统一思想和认识,在全面分析我国国情军情的基础上,通过借鉴外军的经验、吸取外军的教训,达成共识,推进建设。

二、要充分认识信息化建设可能带来的负面影响

建设信息化条件下的联合作战装备保障能力,是对军队既有装备保障体系的根本性变革,虽然从总趋势上必然会使军队的装备保障能力发生质的飞跃,但在个别方面、某些阶段,也会不可避免地损伤装备保障能力。如果对这些发展过程中的负面问题看得不清,解决不好,必然会影响装备保障能力建设本身。从美军的实践来看,主要存在以下几个负面问题:

(1) 信息本身具有两面性。信息优势可以带来作战和保障能力的倍数级提高,但也带来了新的问题。一方面,军队越依赖信息,就越会因信息遗失而蒙受损害。美军在科索沃战争、阿富汗战争和伊拉克战争中,没有一个战败国有能力干扰甚至中断美军的信息优势,但未来可能未必如此,一个能力较强且资源丰富的对手很可能对此加以充分利用;另一方面,在海量甚至"泛滥"的信息面前,指挥官要么难以进行全面而系统的分析,要么因此而花费大量时间精力于重大问题的思考和判断上,结果可能造成贻误战机,进而导致保障行动出现"间隙"。

(2) 体系化本身具有先天不足。系统和体系虽然能够带来保障能力的革命性变化,但弱点也非常明显,只要其中起支撑作用的核心部位和关键环节被破坏,就可能产生"多米诺骨牌"式的毁伤效应,使联合作战装备保障能力流于形式。事实上,受资源有限的制约,作为世界头号军事强国的美军,其联合作战系统的发展也不平衡。如战斗保障系统就远远落后于战斗系统,致命弱点比比皆是。一旦某种"缝隙"被利用或某点被攻破,很可能产生连锁反应,甚至出现无法遏止的混乱。

(3) 军事信息系统较为脆弱。作为装备保障能力的"魂",信息系统的脆弱性和易毁性显而易见。计算机不是万能的,即使是智能化计算机也是如此,而作为人—机交互系统,它不可能完全消灭错误。并且,美军军事信息系统大多

依赖于民用信息系统,安全性极低。这就给潜在对手以廉价、易用的"黑客武器"对美军离不开而又无法完全保护好的信息网络实施非对称攻击提供了可能,其结果对于联合作战能力将是致命的。

为此,我军在联合作战装备保障能力建设中,应充分认识信息化可能给装备保障建设所带来的负面影响,合理规避其对装备保障建设的风险,促进信息化条件下联合作战装备保障能力的健康发展。

三、要正确估计信息化条件下联合作战装备保障能力建设的难度

建设一体化联合作战装备保障能力,需要保障理论、保障装备、体制编制等各个方面变革的整体联动,但无论哪一个方面的内容都不是一朝一夕能完成的,其难度往往超出想象。仅以联合作战装备保障能力的根本依托——信息系统——的建设为例,美军虽然在人力、物力和财力上投入巨大,但一直进展缓慢,效率和效益都不高,至今也未建成互联互通互操作的全军一体化信息系统。之所以如此,原因很多,但主要是美军对建设这一系统的难度估计不足所致。一开始,美军认为,发展信息系统主要是技术和投入问题,是技术装备部门的事。实际上,建设信息系统是全军的大事,涉及观念更新、理论创新、军事信息技术深度开发、武器装备采办管理体制改革、军队组织体制转型等诸多领域,需要军队乃至国家高层领导从战略全局出发,予以关注,进行总体筹划。直到20世纪90年代中期,美军才觉察到这个问题,认识到开发互联互通互操作的全军一体化信息系统不是简单的技术问题,其复杂性和难度远远超乎想象,需要在作战概念、体制、制度、规划、标准、接口等各方面在不同的部门之间进行横向协调,需要从技术决策提升到高层战略决策。于是,美国国会于1996年7月通过了《科林格—科恩法》,并依据该法在高层领导机关建立了首席信息官制度,才使信息系统建设走上正轨,也带动了联合作战能力建设的快速发展。

我军装备保障能力建设,应借鉴和吸取美军的教训,要充分认识和正确估计信息化条件下装备保障能力建设的难度,统筹考虑体系作战装备保障能力建设的诸多要素,瞄准关键环节,逐次破解,有序推进,力求避免因对困难估计不足而给我军装备保障建设带来的损失。

四、要做好信息化建设的顶层设计工作

在信息化建设初期,美军各军种独立研发自己的信息系统,作战需求的针对性较强,摸索了实战经验,促进了军种竞争,起到了一定的积极作用。但由于没有全军性顶层设计,也导致建设的信息系统过多,且不能互联互通的问题。这些问题影响和制约着美军一体化联合作战能力的生成和发挥作用。为此,在海湾战争后,美军开始着手进行一体化顶层设计,并耗费大量资源来解决"后遗症",大拆"烟囱"。

与美军的信息化建设相比,我军起步较晚,具体到装备保障信息化建设则更加滞后。尽管如此,我军信息系统建设也没能很好地发挥后发优势,"烟囱林立"现象并不少见。着眼未来联合作战装备保障建设的现实需求,应抓紧做好信息化建设的顶层设计工作,促进各信息系统之间的互联互通互操作,确保信息化条件下联合作战装备保障能力的生成。

五、要把体制编制调整放在优先位置

在一体化联合作战装备保障能力建设过程中,由于各方面条件的限制,可能存在军事技术、保障理论、保障装备、体制编制、人才队伍等方面发展不平衡的状况。从美军的情况来看,其军用高新技术和武器装备信息化建设发展最快,军事理论创新和新型高素质军事人才培养次之,体制编制转型则最为滞后。迄今为止,美军虽然压缩了军队规模,调整了军队结构,组建了新型部队,但其机械化军队的基本结构框架并未从根本上触动,离完全一体化的信息化军队体制编制还相距甚远。这其中的原因,一是军种利益之争影响了体制编制一体化的深入,二是一体化部队建设本身需要较长时间。可以肯定,只有当美军体制编制实现了向信息化的根本变革,完全意义上的一体化联合作战能力才可能真正形成。

结构决定功能。同样的构成要素,组合形式不同,形成的保障能力也就不同。只有科学合理的体制编制,即遵循装备保障组织体系各要素之间内在的、必然的联系,把各种要素有机结合起来的体制编制,才能促进保障能力的生成和增长;反之,则会阻碍和抑制保障能力增长。前事不忘,后事之师。我军装备保障建设的现实需求,迫切要求把体制编制调整转型放在装备保障建设各项任

务的优先位置,通过从全局解决装备保障体系内部各要素组合方式和分工协调的问题,充分释放装备保障系统效能,促进装备保障能力的跃升。

第二节　对我军装备保障能力建设的建议

新形势下的强军目标,对我军装备保障建设提出了新的更高要求。建设信息化条件下的联合作战装备保障能力既是实现强军目标的现实要求,也是我军装备保障建设的最终目标。美军联合作战装备保障能力的建设实践为我军装备保障建设提供了有益借鉴。

一、围绕联合作战需求创新装备保障理论

理论创新是社会发展和变革的先导,是推动社会前进的强大动力。理论的停滞和贫乏,必然导致实践的徘徊和盲目。装备保障理论是保障能力建设的基础,是确定保障体制编制、制定保障法规制度、创新保障方法模式的重要依据。为促进装备保障建设实践的健康持续稳定发展,应以理论创新为先导,不断扩展理论视野,推出新的理论研究成果,为新时期的装备保障建设实践打牢坚实的基础。

(一)围绕保障力生成模式转变,推进装备保障理论创新

随着新军事变革进程的深度推进,装备建设突飞猛进。装备信息化、集成化、高技术化程度的极大提高,带动了保障能力生成模式的转变。传统的装备保障能力建设模式与当今装备发展的新形势已不相适应。围绕保障能力生成新模式,加快装备保障理论创新,促进装备保障能力生成模式转变,既是我军武器装备现代化建设的开拓性实践活动,又是打赢未来信息化战争对装备保障最为紧迫的现实课题,我们必须紧紧围绕装备保障的建设实际,加快理论创新:①要研究信息化条件下构成装备保障能力要素的新内涵,要从打赢信息化战争对我军装备保障的现实需求出发,研究我军装备保障能力构成要素、生成模式的基本结构,以及发展转变的基本规律等问题,切实把加快装备保障能力生成模式转变的认识转向信息化。②要探索加快装备保障能力生成模式转变的规律,创新加快装备保障能力生成模式转变的指导理论。要认真研究和总结世界近几场局部战争所揭示的信息化条件下装备保障的共同规律,并以此规律为指

导,深入探索加快我军装备保障能力生成模式转变的基本途径和实现方法。要把我军装备保障建设和发展中出现的重点、难点和热点问题的研究,作为加快装备保障能力生成模式转变的创新点和增长点。③要把握我军装备保障建设的内外部关系及其矛盾,研究加快装备保障能力生成模式转变的基本思路和有效措施。总之,我们要顺应时代发展的现实要求,加大理论创新的力度,把保障理论创新作为加快我军装备保障能力生成模式转变的一个战略性课题,坚持用创新的理论引领装备保障力生成模式的转变,促进我军装备保障建设又好又快的发展。

(二)围绕精确保障需求,推进装备保障理论创新

精确保障是指为适应联合作战快节奏和高精度等要求,以资源优化为指导思想,以实现装备保障需求和装备保障资源的无缝链接为基本目标,充分利用以信息技术为核心的高技术手段,按照"适时、适地、适量、快速、高效"的原则,在准确的时间、准确的地点为作战行动提供高精度和高质量的装备物资支持和技术保障服务,其根本目的在于以最小的消耗满足最大的保障需求,以最低的代价达成最优的保障效果,以最少的保障资源换取最佳的保障效益。精确保障,是在新的装备保障需求牵引和新的保障技术推动的双重作用下,出现的一种全新的装备保障思想和理念,是信息时代保障技术进步和战争形态演变所赋予装备保障的新内涵和新要求,与传统装备保障相比,精确保障在思想和理念上发生了深刻变化,改变了以往战争中装备保障资源高耗低效的状态,从根本上破解了联合作战装备保障中由不确定性因素增多、保障准备盲目、保障实施被动、保障物资积压等原因造成的装备保障效益低下的难题。

精确保障是装备战斗力和保障力的倍增器,要确保我军打胜仗,就必须围绕装备的精确保障需求,推进装备保障理论创新。一要在全域资源重构理论与方法研究上下功夫,实现和促进资源利用的全域协同、优化组合、快速响应;二要在柔性保障机制建立上下功夫,通过柔性组合、并行工作等运行模式,消除一切不精确的冗余过程、活动和资源的流动,在保障实体和保障对象之间建立最直接的信息流和物资流,在相关保障实体之间形成合理高效的协同工作机制,以彻底解决条块分割、力量分散、重复建设、指挥协调困难等制约实现精确保障的瓶颈问题。三要研究将以信息技术为代表的高新技术群应用于装备维修过程的理论、方法与技术,通过综合运用各种高新技术,实现基于状态的维修,促

进装备维修方式的全面变革。

(三) 立足战争形态转变,推进装备保障理论创新

战争形态是装备保障理论发展的立足点,理论只有反映实践才能更好地指导实践。近年来,为与作战理论相适应,美军每场战争都推出一种新的装备保障理论。海湾战争中提出了非线式立体联合保障理论,科索沃战争中提出了非接触本土直达保障理论,阿富汗战争中提出了全频谱特种支援保障理论,伊拉克战争则是"聚焦后勤"理论的一次实战应用。同样,装备保障理论必须要立足于打赢未来信息化战争,研究信息化战争形态下装备保障的特点和规律,从而与理论本身所处的战争形态相适应,才能更好地指导这一战争形态下的装备保障实践。

当前,我军正处于由机械化向信息化转型的过程中,转型任务十分艰巨。从充分发挥理论的牵引、先导和推动作用的角度出发,把握信息化条件下装备保障的特点,加强信息化条件下装备保障理论研究显得十分重要。

信息化战争是未来战争的主要特征和表现形态,是以大量应用电子信息技术而形成的信息化武器装备为基础,以夺取信息优势为战略指导,以电子战、信息战、空袭与反空袭、导弹攻防、远程精确打击和空间战等为主要作战方式,以编制体制发生变革的诸军兵种联合进行的一种战争形态。作为一种全新的战争形态,其在使军事理论、作战样式、部队编成发生革命性变化的同时,将对装备保障活动产生重大影响。一是保障任务加大,保障重心转移。信息化战争的巨大消耗和战争持续时间的短促性、战场对抗的激烈性,决定了装备及其物资的需求量在短时间内迅速增加,使得装备保障任务在短期内会急剧加大。此外,信息化战争装备保障将紧紧围绕制信息权展开,即由过去机械化战争以供应弹药、器材和实施机械维修为主,向以供应信息化武器软硬件及其零配件、精确制导弹药、维护信息化装备正常运转、提供信息化装备技术保障方向转化,这就使得装备保障的重心表现出由"硬"到"软硬结合"的转变。二是保障方式多样化。信息化战争是非线式作战,多点、多向、多种样式作战交织进行,其"动态性"特征改变了装备保障的时空观。机械化战争中那种以陆军为主、逐级前伸的平面线式保障方式已不适应未来信息化战争的需要,为适应战争节奏加快、进程缩短和保障时效性强的特点,必须运用快速、及时、高效的保障方式。从供应保障的角度来看,多点、多向的作战样式使得强调"超量预储"的供应保障方

式不再适用,装备供应保障强调速度、及时。从维修保障的角度来看,以"靠前伴随"为特点的机动保障和现地保障方式的地位作用更加突出,换件修理、拆配修理进一步被确立为主要修理方法;同时,以"技术伴随"为特点的远程保障也将成为一种重要的保障方式。三是保障力量多元化。诸军兵种一体化联合作战是信息化战争的基本作战样式,由于参战部队类型多样,装备保障力量也必然呈现多元化的特点,既有建制内的装备保障力量,又有地方的装备科研机构、制造(修理)工厂和有关院校的保障力量。

信息化条件下装备保障的新特点,使得装备保障理论面临着严峻挑战,传统的"越多越好、越早越好"的装备保障指导思想将被"夺取信息优势,达成精确保障"的指导思想所取代;与装备维修保障紧密相关的装备可靠性、维修性、保障性和测试性等设计属性研究,都需要与新型武器系统的研发同步开展;军民一体的装备保障模式以及实时、精确的保障方式的实施等,也都需要系统的理论研究成果来指导。

(四)紧扣重大现实问题,推进装备保障理论创新

任何问题的研究都不能脱离具体的历史背景和条件,研究装备保障的重大理论和现实问题更应紧密结合我国的国情和军情。一要立足于我国所处历史方位、我军要走的有中国特色的精兵之路的现实情况,二要立足于我军装备保障由机械化向信息化、智能化转型以及努力促进其跨越式发展的现实情况,这是我们研究装备保障理论的基本立足点。

装备保障理论发展,必须以完成我军使命任务和实现强军目标为目标,具体来说,就是要以满足我军面临的多样化军事任务和军事斗争准备等迫切的现实需求和确保打赢为目标。为此,我们一定要明确理论研究重点,拿出针对性、指导性较强的研究成果,以理论发展带动工作落实,以理论上的突破指导工作实践,提高各项准备的效益和效率,加速推进军事斗争准备进程。现阶段我军担负的任务更加多样、所处的环境更加复杂、面临的考验更加严峻。面对新的形势任务,遂行多样化军事任务的装备保障是一个崭新的领域,为此,必须调整视角,主动跟进,引导官兵牢固确立与之相适应的保障观念,把握其特点与规律,实施不间断的快捷、高效、机动、精确保障。

装备保障理论发展,必须以"我们正在做的事情"为中心。要明确,探索的目的既不是"应景",更不是图"好看",而是为"有用"。因此,一定不要搞"花架

子",不追求那些中看不中用的所谓研究成果,一定要克服照搬书本,从理论到理论的研究风气。装备保障理论研究必须以现实过程为出发点,运用系统论、控制论、信息论、耗散结构论和协同论,以及实地调查、多学科综合等方法,指出保障能力不能满足保障需求的原因,破解制约保障能力发挥的"瓶颈",指出装备保障应该"是怎样的"和"会是怎样的"。只有这样,才能根据装备保障能力与保障需求之间的差距,探讨何种条件下才能实现这些目标。如果在现有条件下不能实现这些目标,就需要在人力资源、保障装备、维修器材、保障体制、保障机制等方面做出调整。

总之,要提高装备保障理论的实用性,必须以信息化条件下装备保障建设实践为出发点,扎扎实实地调查研究,找出当前装备保障存在的主要问题,具体问题具体分析,并重点研究装备保障当前和今后一段时期内需要解决的重大现实问题。只有这样,理论发展才能真正立足于我军装备保障建设的现实基础之上,才能源于实践,高于实践,才能不断推出能够指导实践的理论。

二、围绕联合作战需求创新装备保障体制

装备保障体制是军队组织体制的重要组成部分,其发展变化受诸多因素的影响和制约。推进装备保障体制变革,必须在把握军事体制变革与发展一般规律的基础上,一切以围绕打赢信息化条件下的联合作战为最终目标。

(一)按照一体化联合作战需求,创新装备保障体制

以信息技术为核心的高新技术的迅猛发展与广泛运用,使得一体化联合作战成为我军未来的基本作战样式。与以往机械化战争中的合同作战相比,一体化联合作战在力量运用、组织形式、协同方式、对抗形态、交战模式等方面都发生了根本性变革,其强调在统一指挥下诸军种平等参与,强调诸军种依托高度发达的网络化信息系统实施作战,强调诸军种集成高度融合的作战系统实施作战,强调诸行动要素的整体联动。所有这些具有全新内涵作战理念在战场中的运用,要求必须构建一种能够与之相适应的装备保障体制,使装备保障体制与作战形式紧密结合,以适应打赢信息化战争的装备保障需求。为此,必须按照信息化条件下联合作战的装备保障需求,规定各级组织的基本职能与权限,明确各级组织、各个层级的地位作用和相互关系,完善装备保障的各项制度,即通过创新装备保障体制,确保装备保障系统的各要素能够有机结合、协调配合,切

实提升信息化条件下联合作战的装备保障能力。

(二) 按照完成多样化军事任务的要求,创新装备保障体制

以作战任务为牵引,根据可能担负的作战任务确定军队体制编制是世界各国的普遍做法。近年来,许多国家都在根据所面临的威胁,来明确未来进行的战争及战争中军队要担负的使命任务,再根据担负任务的可能时间、空间、强度、战场环境等因素来确定打赢战争所需要的装备保障体制。美军就是根据未来作战任务提出和正在实施军队转型的,并在此基础上,不断推进装备保障转型。依据作战任务确定装备保障体制,是对装备保障发展规律的深刻揭示,也是确保打赢现代战争的客观要求。从历史来看,我军装备保障体制演化发展的过程也是基于不同时期的作战任务而进行自适应调整的过程。

进入新世纪新阶段,我国安全环境发生了很大变化,国家利益得到了极大拓展,面临的威胁也趋于多样化。遂行多样化军事任务是对军队建设的时代要求,其不仅为我军的发展指明了方向,而且也对我军的装备保障建设提出了明确要求。因此,作为装备保障能力生成和提升的组织基础——装备保障体制,必须着眼完成多样化军事任务的现实需求,进行自适应调整,以通过对自身组织结构的变迁,促进装备保障能力的跃升,来满足信息化条件下联合作战的装备保障需求。

(三) 按照有利于信息的快速流动和使用,创新装备保障体制

以信息化为核心的军事变革,最重要的体现就是要按照"有利于信息和力量的流动"的原则,对机械化时代的军队组织结构进行根本改造。机械化军队纵长横窄的树状装备保障体制,具有信息流程长、流速慢、抗毁能力差等特点,与信息化战争所要求的高速度、高强度、高效能相比,纵长横窄的装备保障体制已难以满足信息化战争的装备保障需求。为此,装备保障体制的变革,必须瞄准信息化战争的装备保障需求,要确保信息这一构成战斗力的主导要素能够在装备保障组织体系内快速、顺畅、有序地流动。这一要求带有根本性,它是实现装备保障组织体系精干高效、形成保障体系结构的整体性、提高整体保障效能的有效途径,也是实施装备保障体制转型的根本目的。能否实现保障信息的快速流动与使用,已成为衡量未来装备保障体制优劣的最重要指标。

（四）按照系统运行、精干高效,创新装备保障体制

装备保障体制必须精干高效,否则就无法适应信息化战争快速、准确的作战节奏。当前,美军正在研究和实施一种矩阵式网状指挥控制结构。这种结构指挥层次少,横向一体联网,节点多,生存率高,可确保集中指挥与分散指挥的有效实施。建立精干高效的装备保障体制要做到四点：①机构精干、结构合理。在保证有效完成规定保障任务的前提下,要最大限度地简化机构设置,减少编制员额。机构部门设置和人员编配与职能要相适应,力避因人设事。②职能分明、关系协调。从整体上要对装备保障各级各类组织和机构职能进行科学设计,保证其既能全面覆盖,又要协调统一；搞好各层次、各部门、各专业系统职能的有机衔接,既要避免重复、交叉,又要确保相互制约,以使各种纵向和横向的关系简明,便于操作。③指挥灵活、运转高效。要依据保障指挥和管理的性质、人员素质和手段等因素,合理确定指挥和管理的幅度,并以此为依据,根据组织机构的纵向职能分工,合理确定保障指挥和管理层次,保证指挥灵活和高效运转。④信息主导、网络连接。要利用信息技术,在纵向、横向上连接各机构、各部门,实现装备保障系统的信息化、网络化。

三、围绕联合作战需求创新装备保障手段

装备保障手段是衡量装备保障能力的主要标志之一,是装备保障工作的物质基础。离开一定的保障手段,装备保障工作就无从谈起,就会出现作战装备"腿长",保障手段"腿短"的不协调现象。历次战争实践都表明,无论什么样的作战装备,都必须有与之相匹配的保障手段,才能使其充分发挥作用,而且作战装备系统越复杂,对保障手段的依赖性也会越强。随着大量高新技术在军事领域中的广泛应用,装备日益朝着系统化、集成化的方向发展,随之而来的就是装备技术含量越来越高,其构成和损伤机理也变得越发的复杂。着眼装备发展的新形势以及落实"能打仗,打胜仗"的新要求,装备保障手段建设应科学推进,稳步实施。

（一）保障手段建设要突出体系化

未来战争是体系与体系的对抗,着眼现代战争对装备保障的现实需求,必须提高装备保障的整体能力。为此,保障手段建设应主动适应装备发展和现代

战争的客观需求,统筹规划,整体推进。

(1) 要以提高野战综合保障能力为目标,逐步完善与主战装备配套的保障装备。要加强新型装备和重点装备的保障手段建设,加速老式工程车的更新换代,优选车体结构,采用新的越野车型替换老一代的保障车辆,提高野战保障装备的快速机动能力,使保障装备的机动性能与主战装备的机动作战能力相适应,与新的战法要求相适应。要研制配备野战抢救抢修车辆,提高装备的野战抢救抢修能力。要加强勤务保障装备建设,发展弹药专用输送车、弹药野战储运装备和野战物资搬运装备,配备装备维修器材车,提高装备物资储供能力,从根本上改善部队的战时装备物资补给能力。

(2) 要形成完整的体系。要以提高装备保障效率为根本出发点,按照"紧贴需求、优化结构、整合资源、合理衔接"的总原则,加强顶层设计,并以"通用化、系列化、组合化"为标准,建立技术先进、要素齐全、结构优化,适应未来作战要求的装备保障体系,以形成一个高、中、低技术相结合,大型机动车辆与便携式单兵设备组合而成的适应部队不同修理任务需要的保障体系。这里,大型机动保障车辆应以高技术设备和综合保障为主体,以适应多种装备的技术保障需求为目标,重点提高部队的野战快速机动保障能力;对于小型保障设备,则应重点研制一些操作简便、快捷的故障诊断检测设备和维修机工具,以满足不同作战单元装备保障的需要。

(3) 要按不同类型部队构建装备保障手段体系。应以成建制一体化保障模式和"平台+模块"技术体制为主,根据不同类型部队装备的特点和保障需求,改造、新研部分新型保障手段,构建适应各类型部队的装备保障手段体系。一是对现有技术保障手段体系进行优化,整合部分功能重叠、与部队使用需求不一致的手段,改进部分能力不足的手段。二是新研部分技术保障手段,完善保障手段体系,如研制野外计量标校装备,重点解决防空导弹、雷达等装备的定期技术检查、修复后的标校问题,确保武器系统技术状态完好等。三是在现有技术保障装备的基础上,通过改换轻型高机动底盘形成轻型保障装备系列,以满足轻型部队的支援保障需求。四是按照技术保障手段标准规范要求,完善专用保障功能模块型谱系列,形成对各类装备的保障能力。

(二) 保障手段建设要立足国情军情

(1) 要研改结合,多措并举。新研与改造,是保障手段建设的两条重要途径。新研是指与装备发展相适应,配套研制相应的保障手段。按照综合保障思想,必须在装备研制初期就开始考虑保障问题,即尽早规划和研制配套的保障手段,以便在装备部署时能够及时建成经济有效的保障系统,从而能够以最低的寿命周期费用提供所需的保障。新研保障手段,要彻底摆脱传统保障手段设计思路的束缚,严格按照信息化的标准进行设计、研制和生产,使之能跨越机械化阶段而直接实现信息化。改造是指在对现役装备进行信息化改造时,同时提出保障手段的改造方案,使装备信息化改造与保障手段改造两者同步、协调进行。保障手段改造,可以通过内部嵌入和外部集成的方法来实现。内部嵌入是指立足现有保障装备的结构,通过嵌入、融合信息技术或附加信息装置等,来提升其信息化程度,使其性能得到明显改善,功能得到显著增强。外部集成,是指利用信息技术和横向一体化技术,将原本分立的保障装备或系统连接成一个新的更高层次的系统,使之产生其各要素或子系统处在分立状态时所不具备的新质,形成远远大于各个要素或子系统功能之和的新的整体功能的改造方法。装备保障手段建设,必须坚持研改结合,这既是确保装备保障在继承中发展的基础,也是确保装备保障在发展中继承的前提。

(2) 要通专结合,统筹兼顾。当前乃至今后相当长的一个时期,我军装备将处于多代、多型共存,高、中、低技术系统共有的时期,保障任务十分艰巨。目前,我军装备保障机械化建设的任务还没有完成,同时又面临着信息化建设的严峻挑战。要促进装备保障由机械化向信息化跨越式发展,保障手段建设必须要通用与专用相结合,统筹兼顾。首先,保障手段建设如过分强调通用,将会增加手段的开发成本,造成资源浪费;而如果太过专用,则又会导致型号增多,数量加大,形成长长的"尾巴"。为此,保障手段建设,一定要坚持通用与专用相结合,切忌过分强调其中的任何一方。其次,保障手段建设一定要以打赢信息化战争的装备保障迫切需求为牵引,分清轻重缓急、有计划、分阶段、按步骤实施,切不可遍地开花。要重点围绕制约装备保障总体水平和综合保障能力提升的关键问题上下功夫,以满足装备保障建设之急需。要发展履带工程车和修理方舱,提高保障装备的野战机动能力;要研制各类技术保障装备的通用化、系列化组合集装箱,实现整装整卸和自动化装卸,使保障装备适于多种投送手段和复杂战场环境,提高保障装备的综合维修能力和快速机动能力。同时,要抓紧进行保障装备的配套与改装工作,以提高保障装备的整体效能,取得较高的军事效益。

四、围绕联合作战需求创新装备保障训练体系

保障训练是生成和提高保障能力的基本途径,是部队履行使命任务的重要保证。随着战争形态的发展变化和我军武器装备机械化、信息化的复合发展,装备保障能力生成模式和增长方式正在发生深刻变化,而作为保障能力生成与提高途径的保障训练正面临新的形势和挑战。着眼有效履行新世纪、新阶段我军历史使命,以新时期军事战略方针为统揽,以提高信息化条件下装备保障能力为目标,创新装备保障训练体系,调整改革装备保障训练的内容、方法、手段,提高信息化条件下装备保障训练水平,应成为装备保障能力建设的着力点之一。

(一)拓展训练内容,把握训练重点

装备保障训练必须着眼多样化军事任务需求,针对信息化条件下信息主导、体系对抗、联合制胜和整体保障的特点,从难、从严、从实战需要出发,拓宽装备保障训练内容,构建体现时代特征、适应战争发展需要、符合使命要求、紧贴装备实际的多样化保障训练内容体系。

(1)要充实完善使命课题装备保障训练的内容。要紧紧围绕新世纪、新阶段我军历史使命,适应信息化条件下应对多种安全威胁、完成多样军事任务的需要,紧贴部队使命任务,增设信息化条件下反恐维稳、搜救与救援、抢险救灾、维和行动,以及维护海洋权益等非战争军事行动的训练内容。突出各种作战样式、各个作战环节保障力量编成部署、战法保法综合运用、保障力量防卫防护和复杂情况临机处置等重要内容,抓好实案、实装、实修、实供为主体的检验性、对抗性演练,着力研究解决部队遂行多样化军事任务装备保障中的实际问题,提高保障训练的实战化水平。

(2)要充实完善新型装备保障训练的内容。要围绕新型装备科技含量高、结构机理复杂、技术保障难度大等特点,把新型装备保障训练作为保障训练的重点内容。按照新大纲要求,系统学习新型装备的构造原理、保管保养、维修技术、供应保障等理论知识,重点围绕新型装备的故障判断、修理、检测等维修技能进行训练,着力提高部队在各种复杂条件下的抢救、抢修能力。

(3)要开展复杂电磁环境下的装备保障训练。将保障训练置于复杂电磁环境下,是推动装备保障训练向信息化条件下转变的切入点和重要抓手。要开

展复杂电磁环境下的装备保障训练。要研究复杂电磁环境对作战保障行动的影响,要紧贴任务,切实把复杂电磁环境对我军装备和保障行动的影响弄清,把实施装备保障的措施搞透。要加强电磁知识、电子战、信息战等基本理论的学习,强化装备操作、维修技能和信息系统指挥控制训练,打牢应对复杂电磁环境的知识和能力基础。要结合使命课题创造近似实战的复杂电磁环境,开展适应性、对抗性、检验性演练,提高复杂电磁环境下的装备保障能力。

(4)要加强综合集成训练。要对照保障编组,分层次组织各专业、各要素、各单元的融合训练,重点抓好指挥决策、快速机动、快速供应、快速抢修,防护伪装集成训练和工种专业模块编组及装备指挥员联编联训,提高装备保障训练集约化的程度,形成综合保障能力。要开展军地协同保障训练,在战役战术装备演练中吸纳后备保障力量参加,不断拓展联训的范围。

(二) 创新训练手段,提高训练效益

科技是至关重要的战斗力,世界各国向来注重以新技术提升军队的战斗力,信息技术对于提升信息化战争的战斗力更是难以估量。有鉴于此,各主要军事大国无不注重以信息技术促进战斗力提高,以信息技术促进军事转型。如美军的一些专家指出,由于"日益依赖于技术和信息来慑止和赢得战争,军队成员必须懂得技术和信息,并将它们作为武装力量的倍增器来使用[1]"。在《国防部训练转型战略计划》中,美军又提出"发展健全、网络化的、生动的、虚拟的、建设性的训练与任务预演环境"[2]。

信息技术对军事教育带来的一大标志性变革集中体现在计算机模拟仿真训练上。模拟仿真技术发展到今天,已远不只是对单一的武器装备或器材的模拟训练,而是向更高级的形式——大型、综合、集成的虚拟现实训练系统发展。美军在《2004年训练转型贯彻计划》中提出,未经在健全、逼真的训练环境中联合职责严酷的考验,任何人员、部队、参谋就不能部署出去。目前,美军的训练模拟技术已具有先进、实用的特点和进入配套、完善的阶段。

装备保障训练要充分利用信息技术发展为军事训练变革所带来的新机遇,以提高装备保障训练效益、提升装备保障能力为目标,大力推进数字化、远程

---

[1] http://www.Maxussystems.Com/pme2020.html.

[2] Strategic plan for transforming department of defense training, March 1, 2002, Department of Defense, United States of America.

第十四章 对我军装备保障能力建设的启示与建议

化、仿真模拟装备保障训练,通过训练手段的创新,提高装备保障训练水平。一要抓好远程技术支援系统的运用训练。运用嵌入式诊断设备、装备信息网络传输系统和维修决策辅助系统,开展装备状态实时传输、故障现象即时诊断和维修方案快速生成训练,实现远程专家技术支援,提高装备维修保障的时效性。二要抓好物资供应全过程可控系统的运用训练。运用物流信息标识及识别技术、电子数据交换技术、射频应用技术、全球定位系统应用技术等,对装备物资的请领、补充、收发、储备、保管和运输进行及时跟踪,实现装备物资供应保障的"全维可视、全程可控"。

(三)强化信息主导,贴合实战要求

战争形态由机械化战争向信息化战争的转变,要求我们必须转变传统的训练观,确立以"信息主导"为核心的新型训练观,并以信息化战争需求引领装备保障训练,从根本上提高部队的保障能力。为此,装备保障训练,在指导思想上,要牢固树立"信息至上"的思想,充分发挥信息技术对装备保障训练的推动和杠杆作用,加快提高部队信息化条件下装备的综合保障能力。在训练内容上,要把提高官兵的信息素质摆在突出位置,深化以信息技术为主要内容的高科技知识学习,加强新装备综合保障训练,突出对新保障手段、新保障方法和信息系统的运用训练,以提高官兵驾驭信息化战争的能力。在训练手段上,要以计算机及网络、多媒体、虚拟现实等信息技术为基本支撑,积极推动信息化建设成果向装备保障训练领域的转化,加紧开发部队、院校、机关一体的网络化装备保障训练平台,研制开发新型装备虚拟维修训练系统、模拟训练器材和训练评估系统,逐步推进装备保障训练的网络化、模拟化和一体化,提高装备保障训练的质量和效益。

(1)要构建信息化条件下的装备保障训练环境。信息化条件下的训练环境,是推进装备保障训练转变的物质基础和技术支撑。要促进装备保障训练向信息化条件下转变,必须加强信息化训练环境的建设,主要包括:以构设复杂电磁环境为重点,抓好训练基地的信息化改造;按照标准化、一体化、实用化要求,完善模拟训练手段;整合训练信息资源,加大配套建设力度;加大训练机构基础设施建设,全面改善训练条件等。确保基地训练、模拟训练、网络训练由保障训练的辅助手段向基本手段发展,使基地化训练成为装备保障部(分)队实兵实装演习、考核和检验装备保障能力的重要实践平台,模拟训练成为信息化装备操

作训练和指挥训练的重要环节,网络训练成为部队训练的重要形式,促进部队装备保障训练由单一训练形式向复合训练形式发展,充分发挥先进训练手段的综合效益。

(2)要做到"战训一致"。装备保障训练必须坚持"战牵训、练为战"的原则。要以提高信息化条件下实战保障能力为根本目标,贴近部队担负的作战任务,贴近具体的作战样式和战场环境,创新信息化条件下基于能力和基于任务的装备保障训练内容体系,突出使命课题针对性训练,加强全员全装全程实兵演练,切实提高装备保障能力。

坚持联合训练。"仗怎么打,兵就怎么练。"作战形式决定训练方式。信息化条件下局部战争的基本作战形式,是以信息主导、体系对抗、联合制胜为主要特征的联合作战。因此,必须适应一体化联合作战装备保障要求,以联合装备保障训练为主线,引领装备保障训练,规范训练内容,探索信息化条件下的组训方法手段,建立训练机制,实现装备保障要素的科学组合、保障力量的有机融合、保障体系的高效聚合。

参考文献

[1] 军事科学院外国军事研究部. 备战2020——美军21世纪初构想[M]. 北京:军事科学出版社,2001.

[2] 李振波,曹永魁. 感知与反应后勤及装备保障转型建设启示[J]. 国防科技,2009(3):45-49.

[3] 闵振范,王保存. 构建信息化军队的组织体制[M]. 北京:解放军出版社,2005.

[4] 郭武君. 联合作战指挥体制研究[M]. 北京:国防大学出版社,2003.

[5] 戴清民. 科学发展观与军队信息化[M]. 北京:解放军出版社,2007.

[6] 王增武,张松涛. 一体化联合作战装备保障训练应把握的问题[J]. 西北装备,2005(2):25-26.

[7] 许志功. 中国特色军事变革的哲学思考[M]. 北京:解放军出版社,2008.

[8] 仲晶. 基于信息系统的体系作战装备保障主要特征探析[J]. 装备学术,2010(8):32-34.

[9] 杨威夫,夏凉. 基于信息系统体系作战装备保障方式变革探析[J]. 装备学术,2011(3):13-15.

[10] 王凤银,仲晶. 透视美军联合作战装备保障[J]. 装备,2004(7):58-60.

[11] 吴秀鹏,王骏,刘亚东,等. 一体化联合作战的特征及对装备保障的影响[J]. 兵工自动化,2008(11):56-58.

[12] 白松卫,龚传信,古平. 一体化联合作战对装备保障系统的影响及要求[J]. 装甲兵工程学院学报,2006(3):10-13.

[13] 魏爱鹏,康勇,查浩. 对装备精确保障的思考[J]. 物流科技,2010(4):70-71.

[14] 李振波,曹永魁. 感知与反应后勤给我军装备保障转型建设的启示[J]. 四川兵工学报,2009(4):140-142.

[15] 赵天彪,徐航,陈春良. 精确保障的理论研究与发展[J]. 装甲兵工程学院学报,2004(1):6-9.

[16] 舒华,张海涛,郑召才,等. 美国陆军装备保障转型措施及启示[J]. 军事交通学院学报,2012(4):85-87.

[17] 李忠光,贺宇,门君. 外军装备保障发展趋势[J]. 汽车运用,2012(2):27-28.

[18] 葛涛,张玉柱,于洪敏. 信息化战争对装备保障的影响[J]. 装备指挥技术学院学报,2004(1):31-34.

[19] 刘永远,郝富春,钟钧宇. 从伊拉克战争看信息化战争中武器装备的保障特点和规律[J]. 飞航导弹,2009(8):63-64.

[20] 岳忠强. 伊拉克战争对我军装备保障建设的几点启示[J]. 国防大学学报,2004(3):86-87.

[21] 崔凯. 伊拉克战争美军装备保障暴露的问题及对我装备技术保障的启示[J]. 国防大学学报,2003(9):85-87.

[22] 何嘉武,郭秋呈. 伊拉克战争美军装备保障措施和特点[J]. 外国军事学术,2003(8):40-42.

[23] 杨光跃. 联合作战发展对装备保障的新要求[J]. 军事学术,2009(3):47-49.

[24] 王振波,郭法岩. 联合作战装备保障特点[J]. 海军装备,2008(10):40-41.

[25] 岳中强. 一体化联合作战装备保障特点和对策[J]. 国防大学学报,2005(1):84-86.

第五篇

外军装备保障性建设及借鉴

保障性是系统的设计特性和计划的保障资源满足平时战备完好性和战时利用率要求的能力。保障性是武器装备的一种重要质量特性，是实现武器装备"好保障"和确保武器装备能够"保障好"的前提和基础。随着武器装备系统化集成化程度的提高，保障系统的构成日益庞大和复杂，为优化保障系统建设，装备保障特性的地位和作用日益得到重视。外军，尤其是美军，着力加强了装备保障性的建设与管理工作。

近年来，随着新军事变革进程的深度推进，全寿命管理的思想在我军武器装备建设中日益得到重视，相应的理论研究成果也层出不穷。但从目前来看，还没有真正把全寿命管理思想落实到武器装备建设的实践中，加之以往对武器装备的研制与开发往往是对其功能特性关注较多，而对其保障特性关注不够，致使装备列装部队后再考虑其保障问题，最终结果不是装备难保障就是保障不好。这不仅造成了装备保障建设的滞后和装备寿命周期费用的提高，而且也推迟了新装备列装到部队形成战斗力和保障力的时间。抓好武器装备的保障性建设与管理，使武器装备列装部队后"好保障"，也确保部队能够对装备"保障好"，是当前我军装备保障建设的紧迫需求。

正是基于我军武器装备保障建设的现实需要，本篇系统研究了外军武器装备保障性建设的方法与实践，旨在揭示武器装备保障性建设的规律与特点，为我军武器装备全寿命管理和保障机制的建立提供借鉴和参考。

第十五章
加强武器装备保障性建设

外军非常重视武器装备的保障性工作,其已将保障性与装备性能、研制进度和费用等因素同等对待。自20世纪90年代美国实施采办改革以来,美国国防部就发布了一系列关于保障性的指令性文件和指南,要求从装备立项至装备报废全过程始终重视装备的保障性,要将保障性工作贯彻到装备采办的全过程。进入21世纪,为提高武器装备保障性,美军不断调整采办政策,在其2003年版的采办文件中明确规定:"保障性是性能的关键组成部分,应在系统的整个寿命周期中进行考虑。"为贯彻和落实新的政策和要求,美国国防部相继发布了三份文件:《国防部武器系统的保障性设计与评估——提高可靠性和缩小后勤规模的指南》《基于性能的后勤(PBL):项目经理的产品保障指南》《产品保障接口(PSB)》。这三份文件分别阐述了装备寿命周期内的保障性工作、国防部首选的产品保障策略,以及实施PBL的范围和优化保障系统的途径等。

第一节 将保障性工作贯穿于装备采办的各个阶段

外军将装备保障性工作贯穿于装备系统全寿命的各个阶段,涉及装备系统的方案论证、设计、试验与评价等各个方面。美军装备系统保障性工作的程序和具体内容如下。

一、立项前——批准方案研究

在立项之前,方案研究批准时,要求完成如下工作:
(1)根据对满足需求的现役装备系统的分析(即对基准比较系统的分析),在任务需求书(MNS)中明确已知的或预计的保障资源约束条件。

（2）分析现役装备系统的保障费用、人力要求及战备完好性主导因素，并确定战备完好性和保障费用的改进目标。

（3）拟订初步的使用和保障方案，并评价其对保障资源可能产生的影响（如对技术等级、人力数量、训练方案等）。

（4）对保障性计划（又称综合后勤保障计划）要求、资源影响及备选采办策略和降低风险措施进行评价。

（5）确定用于或将用于具体方案的后勤技术。

二、阶段0——方案探索

在阶段0期间，要求完成以下各项工作：

（1）对最有希望的备选装备系统方案制定基本的使用计划（包括平时和战时的使用）。

（2）制定装备系统初步的战备完好性目标值和门限值。

（3）草拟初始的保障性计划，并为每个综合后勤保障要素确定里程碑。

（4）对初步使用和保障方案导出的保障资源进行评价，确定所计划的保障资源要求并将其纳入项目计划中。

（5）确定现役装备系统保障费用的主导因素（如软件保障），并为最有希望的装备系统方案确定初步的改进目标。

（6）确定装备系统计划的运输性要求，并根据现有运输手段的能力及对战略部署的影响进行评价。

（7）确定对装备系统战备完好性和费用目标起关键作用的设计参数（如测试性）。

（8）初步确定需要进行研制的与保障有关的硬件和软件重大项目（如自动测试设备和仿真装置）。

（9）将对后勤保障的考虑因素纳入招标书、厂家选择评价因素和合同中。

（10）根据相似装备系统的经验和对试验与评价的要求制订设施保障规划和基线、设施采购策略，以便确定设施资金的提供。

三、阶段I——项目定义及风险降低

本阶段应完成以下主要工作：

(1) 建立基本的保障方案。

(2) 开始实施保障性分析计划,其分析结果作为制定保障性文件的数据库。

(3) 确定一套相互协调的战备完好性、可靠性、维修性及保障资源参数的目标值及门限值,为可靠性、维修性、固有可用性和使用可用性规定两种门限值,即技术门限值(通过研制试验与评价来验证)和使用门限值(通过使用试验与评价来验证)。

(4) 分析人力及其他保障资源要求对关键参数(包括可靠性、维修性和可用性)变化的灵敏性,以及由此造成的对系统战备完好性和保障性的影响。

(5) 保障性计划文件中的人力要求应与人力估算报告中的人力要求相一致。

(6) 进行权衡研究,使装备系统的设计特性(硬件和软件特性)、保障方案和保障资源要求之间达到最佳的平衡,并对所确定的保障资源进行修正。

(7) 在后勤保障计划中应反映出与盟军组织的标准化和互用性要求。

(8) 在招标书、厂家选择评价因素和合同条款中应明确规定有关保障性和保障问题并占有相当的比重。

(9) 试验与评价计划应与已开发的数据库相一致,以评价与保障有关的门限值达到的情况,各种保障计划和资源的充分程度以及对费用和战备完好性目标的影响。

(10) 就在初始部署期间承包商的保障问题提出一份初始的备选项目清单。

(11) 开始制定并完成设施设计规划。

(12) 实施明确规定的系统工程过程(如以可靠性为中心的维修),以便影响系统设计,确定自动诊断要求和确定后勤保障组成要素的要求。

四、阶段Ⅱ——工程与制造研制

本阶段主要完成如下工作:

(1) 分析、试验和评价结果与独立评审的结果应能够证实推荐的维修计划和规划的保障资源足以满足平时战备完好性目标和战时使用目标。

(2) 在确定保障资源要求时使用的参数应与项目计划的目标值及门限值

保持相关性。备件的投资水平应与系统战备完好性目标建立联系,并根据备件需求率和装备系统可用性的实际评估值加以确定。

(3) 应根据里程碑Ⅱ给出的年度资金分配额来分配年度的保障采办资金,并评价资金的变化对装备系统战备完好性目标或保障能力目标的影响。

(4) 为装备系统部署后的后续战备完好性评估制订计划和明确责任。

(5) 制定软件及有关的计算机保障计划,该计划应包括系统投入外场使用后为维护软件及嵌入式计算机系统有关的程序、要求和职责。

(6) 拟订经济有效的停产后保障。

(7) 使综合后勤保障各要素的研制状况及投产准备时间应与保障能力目标和部署要求相适应。

(8) 做出关于基地修理资源的决策和实现决策的按时间划分阶段的活动计划。

(9) 合同要求应与保障性计划和与保障有关的目标值与门限值相一致。

(10) 制定设施建造计划并及时完成,以保证按计划实现部署工作。

(11) 由适当机构批准运输性,必要时应验证战略机动性要求。

(12) 国防部训练与使用司令部所做的独立评审应证实训练计划的适用性,制定训练设备的及时交付计划,以保证按计划进行部署。

(13) 制定ILS要素的确认与交付计划,以满足使用要求。

(14) 针对战备完好性目标对保障能力、使用和保障费用以及人力资源进行部署后评审、评价与分析。

(15) 通过更改生产设计与规划,提高保障性和纠正缺陷。

(16) 根据外场的可靠性、维修性和战备完好性经验,对保障资源进行调整。

(17) 制定预期的报废期限、改型及延寿计划,并保证充足的资源。

(18) 对停产后保障的备选方案及有关策略进行评价。

五、阶段Ⅲ——生产、部署与使用保障

本阶段应完成以下主要工作:

(1) 装备系统部署,提供装备系统所需的保障。

(2) 进行外场使用评估,利用外场使用、维修及费用等数据对装备系统战

备完好性、使用可靠性、维修性、保障系统能力、使用与保障费用等进行评估,并根据评估结果,进行必要的改进和完善。

(3) 对装备系统战备完好性、使用可靠性、维修性、保障系统能力、使用与维修费用等进行后续评估,为制定下一代装备系统的保障性要求提供信息。

(4) 进行装备系统寿命周期费用核算。

(5) 为退役报废处理提供必要的保障。

第二节 重视装备的保障性试验与评价工作

保障性试验与评价是指按照规定要求和规范对装备及其保障资源和保障系统进行的试验和分析比较的过程,是装备试验与评价的重要组成部分,其目的是验证新研装备是否达到规定的保障性要求,分析并确定偏离预定要求的原因,以便采取纠正措施,确保实现装备的战备完好性,降低寿命周期费用。保障性试验与评价的结果可用于评价装备的作战性能、作战实用性和生存性,也可以发现装备的设计缺陷,以便及时进行改正。同时,其还是决策过程的关键因素,为决策部门的决策提供依据。理想的保障性试验与评价应该在装备典型的使用环境和条件下,利用已部署的装备和配套的保障系统,执行规定的训练与作战任务,以考核其是否达到规定的保障性要求。但这种想法是不现实的,因为这样的试验条件只能在工程研制阶段的末期才能实现,而试验中暴露的问题通常需要花费大量的时间与资金才能改正,因此只有在装备寿命周期的早期开始对保障性加以试验与评价,其结果才能真正对装备的设计产生影响。外军高度关注装备的保障性试验与评价工作,在外军装备发展建设过程中,其已把保障性试验与评价贯穿于装备的整个寿命周期。

一、外军装备保障性试验与评价的类型

外军一般把保障性试验与评价划分为三类。

(1) 保障性设计特性的试验与评价,指的是对装备本身与保障有关的设计特性,如可靠性、维修性、测试性等进行的试验与评价工作,包括在实验室内和在外场进行的可靠性、维修性和测试性等的试验与评价,其目的是发现设计与工艺缺陷,采取纠正措施,并验证保障性设计特性是否满足合同要求。保障性

设计特性的评价进一步又可分为研制阶段进行的试验与评价和使用阶段进行的试验与评价。

（2）保障资源的试验与评价，指的是对与装备配套的各种保障资源，如保障设备、技术资料等进行的试验与评价工作。它用于发现和解决保障资源存在的问题，验证保障资源是否达到规定的功能及性能要求，评价保障资源与装备匹配性以及保障资源间的协调性，评估保障资源的利用和充足程度以及保障系统的能力是否与装备的战备完好性要求相适应。它贯穿于装备整个寿命周期，包括研制阶段的保障资源评价和部署使用阶段的保障资源评估。

（3）装备系统战备完好性评估，指的是对装备及其保障系统在平时和战时使用条件下能随时开始执行预定任务能力的评估。它包括：①在研制阶段后期进行的战备完好性初步分析评估，以便在装备系统投入使用前发现影响装备战备完好性的问题，尽早采取纠正措施；②在部署/使用阶段进行的系统战备完好性评估，使用阶段又可分为初始使用评估（用于验证装备是否满足规定的战备完好性要求）和后续使用评估（用于评估装备服役后的战备完好性水平并为调整保障系统和装备改型、研制新一代装备提供必要的信息）。

二、外军装备保障性试验与评价的程序

外军装备保障性试验与评价一般遵循如下程序。

（一）方案探索阶段（阶段 0）

（1）试验部门以使用要求文件（ORD）的门限值和目标值为基础，提出装备试验所要求的性能度量（MOP）和效能度量（MOE）。

（2）试验部门协助各主要司令部门制定里程碑 I 的使用要求文件，说明试验要求、性能度量、效能度量和使用方案，为制定试验方案提供信息。

（3）确定并提出试验资源、试验与评价基础设施可能存在的缺陷。

（4）编制装备初始试验与评价主计划（TEMP）、试验与评价策略，为 TEMP 准备保障性输入。

（5）确定真实试验环境，确保为试验与评价基础设施提供资金、采购或更新。

（6）制定综合试验计划。

（7）确定保障性的验证方法。

（二）项目定义与风险降低阶段（阶段Ⅰ）

（1）在装备、分系统、设备、样机或试生产件上进行研制试验与评价（DT&E），收集数据以支持装备作战效能、作战适用性和保障性的计算。

（2）修改或确认计算机建模与仿真程序以确定优选的技术途径。

（3）判明设计风险并提出试验建议，以便将风险降低至可接受水平。

（4）确保批准后的使用要求文件中需要试验的关键系统特性和关键的技术参数（包括保障性参数）已经正式确认，对阶段Ⅱ总的试验安排和所需的资源提供详细信息。

（5）细化使用试验与评价（OT&E）策略并编制OT&E试验方案，并在试验与评价主计划（TEMP）中加以说明。

（6）必要时，采用研制试验与评价和使用试验与评价策略，验证、确认和批准建模与仿真工具及数据化系统模型。

（7）确定被推荐装备所需的试验能力、设施、建模和仿真资源。

（8）确定使用试验与评价所需的试验件数量、装备设计与试验中的风险，以及降低风险的措施。

（9）确定为保障研制试验与评价、使用试验与评价而综合开展所需的资源和数据源。

（10）试验与评价计划应便于开发数据库，以便定量评估与保障有关门限值达到的情况、各种保障计划和资源的充足程度以及对费用与战备完好性目标的影响。

（三）工程与制造研制阶段（阶段Ⅱ）

（1）通过研制试验与评价、工程设计分析验证系统能力是否满足规范要求。

（2）利用使用要求文件的门限值制定使用试验与评价的参考判据，使用试验与评价应提供装备在实际环境中的性能数据。

（3）通过分析、试验与评价以及独立的评审证实计划的保障资源足以满足平时与战时的战备完好性目标。

（4）最大限度地把研制试验与评价和使用试验与评价进行合并，以避免重复试验。

(5) 运行故障报告、分析和纠正措施系统(FRACAS),收集保障性信息。

(6) 全面说明试验验证的效能度量和性能度量。

(7) 完成使用试验与评价试验方案和试验计划编制,并在初始使用试验与评价(IOT&E)之前尽早获得批准。

(8) 进行初始使用试验与评价,根据使用要求文件要求对装备作战效能与作战适用性进行评价,并提供使用试验与评价结果。

(9) 为提供使用保障计划和确定存在的使用保障问题提供信息。

(10) 进行可靠性增长试验,采取纠正措施,并将试验结果送交订购方审查,以决定是否进行可靠性鉴定试验。

(11) 进行保障性验证试验、监控并审查试验结果,决定是否接收。

(12) 制定生产保障性试验计划。

(四) 生产、部署与使用保障阶段(阶段Ⅲ)

(1) 为更新和验证装备威胁评估结果提供反馈信息。

(2) 在使用和保障过程中,修改和验证模型。

(3) 进行补充的保障性研制试验与评价、生产验收试验,以确认并监控性能和质量,验证缺陷纠正情况。

(4) 进行后续使用试验与评价(FOT&E),并利用其结果对建模与仿真工具、数字模型进行更新。

(5) 制定使用中的保障性验证计划。

(6) 部队收集装备使用中的故障、修理、使用状态数据并向承制方反馈。

(7) 运行故障报告分析和纠正措施系统,收集使用部队提交的保障性信息。

(8) 分析使用部队提供的保障性数据和编写使用保障性报告,并提交使用方审查以作出验收结论。

三、外军装备保障性试验与评价的组织实施

保障性试验与评价,能够确定装备保障性方面存在的问题,确定改进措施,降低研制风险,是实现装备保障性要求的重要手段。为提高装备保障性,外军在装备保障性试验与评价方面采取了许多有效做法,积累了丰富的经验。

(一) 美军武器装备保障性试验与评价

20世纪60年代中期,美军就已开始进行装备综合保障的研究工作,在试验与评价方面,制定了比较系统、完整、科学的监督、管理、执行体系及相关的指令文件和标准。

美国国防部长办公厅(OSD)下属的使用试验与评价主任(DOT&E)办公室负责对试验与评价进行监督指导和决策,以减少对保障性问题决策的失误。各军种也都建立了自己的试验与评价管理机构。1993年,美国国防部批准了试验与评定执行单位构成,为军种提供了管理和政策方面的更多的共同职责。

为对武器装备保障性试验与评价进行规范管理,美军还出台了适用于不同军兵种的指令、标准和手册,明确了采办周期中的试验与评价分类、各种试验与评价的实施时机。美军保障性试验与评价对象涵盖了硬件、软件、平时训练、实弹作战以及特殊情况(如核武器试验)等各个方面。美军还强调,在武器装备研制过程中,要尽可能早地完成保障性试验。美军的许多出版物对保障性试验与评价都有较详细全面的介绍,包括对试验与评价的目的、评价范围、类型、试验与评价规划、要获取的数据资料、试验与评价内容等都作了较为具体的规定。

概括地说,美军武器装备保障性试验与评价工作有法可依、有章可循,并建有专门的组织实施机构,做到了权责明晰、方法科学。

(二) 法军武器装备保障性试验与评价

法国国防部下属的武器装备总署,负责装备的研制和生产,该署组织机构中的试验与鉴定中心管理局,负责装备的试验与评价工作。武器装备试验与评价工作由一体化项目小组进行管理、组织和协调。

法国装备试验种类分技术试验(工业公司负责关于制造、设计和调整性试验,武器装备总署负责控制技术设计合格性的试验),作战鉴定和实验的试验(军种负责的试验)。各类试验和评价都涉及保障性方面的要求。一体化项目小组负责为项目试验与评价制定总体计划,同时制定一个共同的试验计划,以协调所有试验和合作。对于非常复杂的试验可以成立一体化试验小组,由工业公司、武器装备总署和武装部队所派的代表参加。为尽量减少装备研制费用和交付时间,一体化小组尽可能将各方进行的试验结合起来,并利用计算、模拟和现有数据库,提供各种经济有效的方法,减少试验费用。

(三)德军武器装备保障性试验与评价

德国联邦军事技术与采办总署(BWB)负责武器装备系统的项目确定、研制、工程、试验与评价、生产和采购。BWB采购的每一个武器系统或每一件装备都要经过工程试验、技术试验、部队试验和后勤试验,以保证部队能使用。首先是承包商在系统研制时的试验,然后在BWB项目主任指导下,由BWB试验中心进行技术与工程试验,以保证该系统设计和保障性达到合同要求。后勤保障能力和作战能力试验则由军种院校和用户负责,以保证装备满足军种要求。

德国各军种履行试验职能的组织结构不尽相同。在BWB试验完成后,陆军和空军的保障司令部为每一类装备组成一个"试验小组",试验完成后小组解散。海军保障司令部设有单独的试验司令部,负责计划和实施舰队使用前的试验,其试验计划从研制阶段开始制定。

近年来,德军武器装备试验总的发展趋势是以"一体化试验"的形式将各类试验结合在一起,这样通过承包商、BWB和各军种的直接合作,能实现以较低的费用交付装备,并可提高装备质量。

(四)日本自卫队武器装备保障性试验与评价

日本新型装备或武器系统的试验与评价工作由日本防卫厅技术研究本部和自卫队负责。在研究阶段,技术研究本部将进行分系统试验,主要是降低进入研制阶段之前的技术风险。在研制阶段,技术研究本部负责工程试验与性能评价,以确定装备设计和保障性等各项性能是否达到合同要求,同时进行系统初始作战试验与评价,经技术研究本部鉴定后,由自卫队保证该装备满足作战要求,并进行新系统的初始作战试验与评价。武器装备试验分为两大类:一类是承包商试验;另一类是政府试验。在样机阶段,由承包商负责试验,这些试验旨在表明装备达到合同规定的性能和环境要求,随后政府负责试验。每个自卫队都有自己的试验和鉴定设施,航空自卫队有航空研制与试验司令部,陆上自卫队试验与鉴定司令部进行武器系统和装备的演示试验,海上自卫队舰队培训与发展司令部进行舰船的演示试验。

第十六章
实施全寿命周期保障

20世纪80年代以后,装备发展步入了一个新的历史阶段。武器装备技术更加先进,系统结构更加复杂,这不仅给装备维修带来了更大困难,而且对与其配套的手段、管理体制、维修人员素质也提出了更高的要求。同时维修费用也以惊人的速度成倍增长,给各国财政带来沉重负担,以致实践中经常出现"造不起"或"买不起"以及"买得起,用不起,修不起"的现象。为此,人们开始从装备发展的全过程和维修管理的全系统角度出发,试图用最优的装备维修性设计,最合理的人力、财力、物力,获得最佳的综合效益,继而产生了全寿命周期保障的思想。

寿命周期保障,即全寿命保障,是指在装备的寿命周期内对装备实施的"从摇篮到坟墓"的综合产品保障,以保证装备达到最佳的保障性水平。美军认为全寿命周期保障不仅能够充分保障装备的战备状态,而且是执行经济可承受性发展战略必不可少的途径。基于全寿命周期保障思想,美军在管理体制上采取了3项措施:①各军种都要负责本军种专用装备从研制到退役报废全过程的管理;②在装备采办阶段都有相应的专门机构,对于大型的采办项目,则建立项目管理办公室,全盘负责该项目的研制工作,以及该项目装备配发部队后的诸如零备件的供应、维修和装备使用信息等有关工作;③在各军种装备中,维修工程由全面负责装备管理工作的专门机构负责。由于全寿命管理在美军装备管理中得到了有效运用,美军装备的使用效能大为提高、维修费用大大节省。

第一节 实施基于性能的保障(PBL)策略

进入21世纪,为了适应新的作战环境和作战样式对装备保障的要求,缩减装备保障规模,降低装备使用和保障费用,提高装备战备完好性,美军积极借鉴民用领域的成功实践,借助承包商保障力量,提高保障效率,推进装备保障转型。美国国防部负责采办技术与后勤的副部长于2004年11月10日颁发了"基于性能的保障产品保障指南"的备忘录,推行PBL的保障策略,以实现装备保障的转型。

一、内涵与实施目标

美国国防部把PBL定义为:"系统产品保障的一种策略,它将保障作为一个综合的、可承受的性能包来购买,以便优化系统的战备完好性。它通过签订责任和权力明确的长期性能协议,采用以性能为基础的保障结构,来实现系统的性能目标。"简而言之,PBL的本质是购买性能,而不是传统的购买产品、零部件或修理活动,即PBL把国防部保障策略从传统的基于事务购买特定的零备件、修理、工具和数据转变到购买性能上,包括武器系统使用可用度、可靠度、维修度、后勤保障规模、后勤反应时间、单位使用费用等。实施PBL策略时,项目管理人员将告诉保障提供者需要什么,而不是告诉保障提供者如何去做。

应用PBL策略可实现以下目标。

(1)提高作战人员对新武器系统和传统武器系统满意度,包括提高系统的完好性、可靠度和维修度,以及减少后勤保障规模和武器系统生命周期管理成本。

(2)采用合同商所拥有的先进管理经验和技术,以实现作战人员的目标。

(3)增加公私合作伙伴活动,以确保保留政府建制基地,提高这些基地的利用率。

(4)通过鼓励合同商在满足用户性能需求的基础上,持续提高效率,从而增加合同商潜在的利益。

(5)减少与传统保障提供相关的事务强度。由于PBL关注的是结果,而不是过程,因此,对保障提供者保障事务相关的要求减少,从而保障提供者在如何保障上更有灵活性和创造性。

(6)控制正在减少的生产商所导致问题的发生,减少其对生命周期效率和效能的影响。

(7)把传统的单纯由政府来承担的不利的性能风险分配给其他利益方(合

同商)。

(8) 增加合同协议期,以提供机会。对合同商来说,长期的投资将降低并稳定其总的支出,从而又使其在保持相同或更高效率的基础上,能够向政府提供更低、更不易变的价格,而这又使得政府在生命周期管理中效果更好,效率更高。对合同商来说,增加合同协议期,可以对政府在系统长期有效需求(可用性、可靠性、保障规模、成本)方面有更积极的影响。此外,增加合同协议期限,也有利于参与项目的各方相互增加信任。

二、PBL的关键要素

实践证明,成功实施PBL,离不开几个关键因素:系统要求的性能参数、健全有效的组织机构、基于性能的协议、法律和法规、财政管理等。

(一) PBL的性能参数

实施PBL策略的一个关键要素是确定保障性能参数。因为PBL的目的是"购买性能",所以必须以可追踪、可度量和可评价的参数来度量保障性能,明确"保障性能"由什么构成,确定顶层的保障性能参数。项目经理(PM)要与用户/作战部队一起确定系统的保障性能需求。PBL的有效实施,取决于精确地反映用户需求并能有效地度量保障提供方绩效的保障性能参数。

2004年8月,美国颁布的《负责采办、技术与后勤的国防部副部长(USD(AT80L))备忘录,基于性能的保障:使用基于性能的采购准则》中明确了PBL的顶层性能参数目标:

(1) 使用可用度(Operational Availability)是系统能够执行任务的时间的百分比或者保持作战节奏的能力。

(2) 使用可靠性(Operational Reliability)是对系统实现任务成功目标的度量(系统实现任务目标的百分比)。根据系统的不同,任务目标可以是出动、巡航、发射、到达目的地或者其他的服务和系统的具体参数。

(3) 每使用单位费用(Cost Per Unit Usage)是给定系统的总使用费用除以相应的度量单位。根据系统的不同,度量单位可以是飞行小时、工作小时、发射次数、行驶里程或其他的服务和系统的具体参数。

(4) 后勤规模(Logistics Footprint)是指政府/承包商为部署、维持和移动系统所投入的必需的后勤保障的规模或"能力"。可度量的要素包括库存/系统、人员、设施、运输资产和不动产。

（5）后勤响应时间（Logistics Response Time）是从后勤需求信号发出到满足这些需求所经历的时间。"后勤需求"指的是系统后勤保障所必需的人力系统、部件或资源。

PBL的性能参数应支持上述期望的目标。性能度量要经过军种的剪裁，来反映具体军种的要求以及PBL计划的特殊情况。

根据系统的作战任务对性能参数进行剪裁，并确信性能参数与保障方的职责范围相一致，是基于性能的后勤策略最关键的要素之一。保障方作为产品保障集成方的一种形式，全面负责实现基于性能的协议及其他正式文件（如合同）中所规定的性能参数，产品保障集成方的保障职责范围与所确定的性能参数必须一致。

（二）PBL的组织机构

PBL的组织机构与传统保障模式的组织机构有所不同。项目经理、产品保障经理（PSM）、产品保障集成方（PSI）和产品保障提供方（PSP）职责关系中，PM和PSM为订购方管理部门，PSI和PSP为军用或民用的承制方，PM或PSM提出需求，由PSI负责实施。

1.项目经理

在PBL项目中，项目经理是实现项目全寿命周期系统管理目标（包括保障性目标）的唯一责任者，其主要职责包括：系统在设计、维修及改进时就考虑产品保障问题，努力减少交付后对产品保障的需求；必须在满足作战部队需求的同时，使提供产品保障所需的资源最少；在做出项目决策时，必须对保障性、寿命周期费用、性能和进度加以同等考虑，并尽可能早地开始规划使用与保障以及对全拥有费用的估计；负责制定采办策略并形成文件，从项目启动到超出初始生产合同范围的以及在停产后保障期间的系统、子系统、组件、备件和服务的再采购，直到退役；从国防部或私营部门中选择产品保障集成方，将某些级别的系统保障职责委派给系统、分系统或者部件级的PSI，只是告诉PSI需求，而不是告诉PSI"怎么做"；要确保产品保障方案与其他各种保障功能整合（集成）起来，以提供敏捷而强大的作战能力；邀请各军种、国防后勤局（DLA）的机构参加产品保障策略的制定和综合产品组（IPT）；必须确保在有关各方之间建立并保持协作的环境。

2.产品保障经理和产品保障集成方

项目经理监督和管理产品保障职能的职责,通常委派给产品保障经理,由其领导产品保障和基于性能的保障策略的制定和实施,并确保在持续保障期间实现预期的保障目标。产品保障经理为了完成这些目标,会根据需要雇用一个或多个产品保障集成方。

产品保障集成方是一个执行机构(实体),根据正式的约束媒介(如合同、协议备忘录(MOA)、谅解备忘录(MOU)),负责集成在PBL协议范围内确定的所有公有和私营保障源,以实现已经形成文件的目标。

产品保障经理,在仍然负责系统性能的同时,将交付作战部队的输出目标的职责有效地委派给产品保障集成方。在这种关系下,遵循"购买性能"的原则,只要能实现输出目标,产品保障集成方在如何提供必要的保障方面拥有相当大的灵活性和自由。

在支撑采办系统的过程中提供产品或服务的任何机构都是一个产品保障提供方。产品保障集成方的主要任务是整合不同产品保障提供方的活动。

(三)性能协议(PBA)

PBL最重要的一个方面是在主要的责任方(如项目经理、作战部队、产品保障集成方和(或)保障提供方)之间签订性能协议,该协议正式地以文件方式规定了性能和保障的期望目标以及相应的资源,以便实现预期的PBL目标。根据DoDI 5000.23.9.2.3,项目经理应当和用户一起,在性能协议中记录性能和保障要求,规定输出目标、度量标准、资源承诺和有关各方的职责。

通常有两种性能协议:用户协议(与作战部队为可用性而签订的性能协议和保障提供协议)、保障提供协议(与承制方签订的合同或者与建制保障提供方签署的协议备忘录(MOA)/谅解备忘录(MOU))。

1.用户协议

项目经理与用户签订的基于性能的书面协议是整个PBL保障策略的核心。该协议通常以门限值和目标值确定性能输出的范围,以及对应每级基于性能的保障能力目标价格(用户的费用)。协议也描绘了所有的约束和边界条件,并反映正常的作战/使用。

用户的性能协议提供了基于性能的保障工作的基本目标。一般集中在很少几个基于性能的输出参数,如系统可用度、任务可靠性、后勤规模和(或)系统总体战备完好性,就能得到有效的解决方案。然而,在制定实际的基于性能的保障计划的过程中,由于保障提供方缺乏对实现作战部队的性能(如可用性)所必需的所有保障活动的控制,不可能直接将作战部队的性能目标规定为保障性参数。

2.保障提供协议

项目经理与建制保障提供方签订性能协议,与商业保障提供方签订合同。协议内容应该在安排资金执行年度和(或)接受优先权调整方面保留一定的灵活性。性能协议还应当反映允许修订保障要求的保障级别范围,以便在不必签订一个新的性能协议的情况下,就能修订保障要求。在大多数情况下,PBL的性能协议的结构应该包括平时训练和应急作战两种情况。

对商业机构提供的保障,在大多数情况下,合同就是基于性能的协议。因此,合同包含已经达成一致意见的性能和(或)保障参数,这些参数被确认为能满足作战部队的要求。在大多数情况下,最终的性能要求(如可用性)可能被排除在合同参数之外,因为承包商可能不具备对决定系统可用性的所有保障功能的全部影响和权力——某些保障功能可能继续要由建制机构或其他保障提供方执行。因此,合同应该包括对所期望的性能结果至关重要的最高级别的参数要求。为了激励承包商达到期望的性能参数,适当的协议激励包括奖金、奖励条款、费用节省共享,将推动和促进合同承包商的绩效。

三、PBL的实施模式

PBL的实施程序,可以作为项目经理实施基于性能的保障策略的工作指南。在实施PBL时,这些步骤的次序可以灵活安排。适当时,根据系统及其相应的使用环境,有些步骤可以并行实施、省略或重新排序。项目经理和基于性能的保障小组应根据工作案例分析(BCA)剪裁该程序。

(一)制定保障策略,确定性能输出目标

1.要求与保障综合

PBL的有效实施始于联合能力集成与开发系统(JCIDS)过程,将能力需求的重点放在总体性能上,并将保障性与性能联系起来。

在制定有针对性的保障策略的过程中,从性能的角度理解作战部队的需求是最基本的出发点。项目经理及其工作小组应当与指挥作战部队的作战司令部和机构进行磋商。作战司令部通常是系统的用户,应当把他们的能力需求转化成性能和保障参数,写进基于性能的协议,并作为对保障提供方的性能的主要度量标准。适当时,保障性要求也可以作为关键性能参数(KPP)和(或)可测试的性能参数。

2.建立系统基线

在确定和形成系统基线文件时应回答4个关键问题:保障要求范围是什么?谁是关键的责任方?费用及性能目标是什么?对于已部署的系统,以往的战备完好率是多少,与升级或新研系统有关的使用与保障费用如何?

为了制定有效的保障策略,项目经理需要确认现有的与预期的性能要求之间的差异。因此,项目经理要确定当前的性能和费用基线并形成文件。项目的寿命周期阶段决定了基线建立工作的范围。对于现有系统,基线评估是所考虑的PBL方法——工作案例分析的基础,有必要测定持续保障和战备完好性性能历史数据以及相关的使用与保障费用。对于已部署系统,如果能得到实际数据,应当使用实际数据。

在过程的早期,PBL的工作案例分析提供了一个粗略的数值估计,只能对计划的改进、收益和费用做出总体上的判断。

3.确定性能输出目标

顶层性能输出目标和相应的性能参数应当以作战部队的需求为重点,以最小的后勤规模和合理的费用,获取一个可用、可靠和有效的系统。

与作战部队签订的正式性能协议,规定了奠定PBL工作基础的目标。PBL小组应当以系统的可用性、任务可靠性、后勤规模和(或)系统总体战备完好性水平等少数输出目标为重点,根据2004年8月颁布的《负责采办、技术与后勤的国防部副部长备忘录》,战备完好性与保障性性能的度量要与费用和进度进行权衡。

4.制定工作量分配策略

美国国防部政策要求:持续保障策略应包括通过政府/工业合作计划,遵照法令要求,最大限度地利用公有和私营部门的能力。

通过有效的保障策略考虑"最佳竞争能力"以及合作时机。项目经理和PBL小组必须根据先前建立的系统基线,确定各部分工作量,并评估完成这些工作的最好的地点、人选和方式,同时要考虑法令、规章及有关的军种部指南。

通常,保障工作既包括系统中特殊的子系统、产品或部件,又包括通用的子系统、产品或部件。在上述工作类别范围内分配工作量及做出保障来源决策时,应考虑现有的保障方法(如合同、建制)、现有的保障基础设施(已经到位、有待开发)、最佳能力评价、公/私合作的时机等相关因素。

为了实现最佳决策,制定有效的保障策略,要考虑上述所有因素,利用包括工作案例分析在内的决策工具,做出最佳的保障来源决策。

5.制定供应链管理(SCM)策略

供应链管理策略对于PBL的成功实施至关重要。器材(物资)保障是系统保障的重要链环。如果离开了"在适当的地点、以适当的时间,获得适当的零件",一切熟练的人员、先进的技术和性能都毫无意义。利用承制方的灵活性、能力以及专利备件保障也是供应链的主要目标。

在从私营供应来源购买备件和修理件之前,应当考虑特殊的国防部库存物资供应,并制定实施计划。

在初始小批量生产(LRIP)或临时合同保障(ICS)阶段,如果是保障合同必需的,就需要对备件和设备的所有权的转让进行适当的管理,以确保投资和信用问题的公平性。

供应链管理包括备件的分配、资产可视性和减缓过时淘汰。按照作战部队的观点,运输及资产可视性对高层性能参数有重要的影响,应当在PBL策略中加以强调。

(二)建立组织机构

1.组建PBL小组

PBL工作早期的一个关键步骤是组建包括用户在内的PBL小组,来开展和管理PBL的实施。尽管项目经理是全寿命周期系统的管理者,但PBL策略的基础依赖于确保有关各方(尤其是客户)参与最佳持续保障策略的制定并达成一致意见。该小组由项目经理或其产品保障经理领导,由政府和私营部门的职能专家组成,并包括所有相关各方的代表,但是不管怎样,所有的成员都能跨越组织机构的界限工作才是至关重要的。为支撑PBL而建立的小组与传统的综合后勤保障管理相似,只不过重点不再是个别的保障要素,而是以面向系统的性能输出目标为重点。

2.选择产品保障集成方

PBL的一个基本原则就是单一的保障职责,该职责是由产品保障经理或者一个或多个产品保障集成方来完成的,他们负责将所有公有和私营保障来源集成起来,实现既定的性能目标。项目经理或产品保障经理从官方或私营部门中选择一个产品保障集成方,对满足基于性能的协议所必需的工作和业务关系进行协调。

(三)签订协议

1.签订基于性能的协议

国防部政策要求:"项目经理应当与用户一道将性能和保障要求写进性能协议中,明确输出目标、度量、资源责任以及有关各方的职责等事项。"

基于性能的协议意在确保有关各方(用户/作战部队、项目经理及保障提供方)建立各级保障的正式关系。由于清晰地描述了性能输出目标、相应的保障要求及实现性能目标和保障要求所需的资源,基于性能的协议在所有责任方之间达成了对输出目标以及实现这些目标所需的责任的准确理解。

在实施PBL的过程中,签订一个完整的、被认可的、有资金保证的产品保障/持续保障协议是一个关键步骤。其实质是在项目经理、产品保障集成方和作战部队之间签订一个能够确定系统作战/使用要求(如战备完好性、可用性、响应时间等)的基于性能的协议。项目经理和产品保障提供方应当定义并包含满足系统性能要求所必需的保障参数。保障提供方可以是公有、私营或是公私合作的结合。公有(官方)保障提供方包括兵种维修基地、兵种和国防后勤局库存控制站以及国防后勤局配发基地。

2.签订合同

PBL合同应规定性能要求,清晰地阐述双方的地位和职责,规定性能参数,必要时还应规定激励措施,并且明确如何评价性能。PBL签约策略优先利用以使用目标说明(SOO)为特征的方法,而不是在早期就制定详细的性能工作说明。理论上,PBL合同应当实行固定价格,以已知的价格保证所需要的输出结果(目标)。但是,在稳固的费用、资源和物资基线建立之前签订固定价格合同所存在的固有风险,使得在产品保障寿命的早期时常使用成本加价(Cost Plus)签约方法。通常,在价格风险减少到国防部和承包商都能接受的水平以前,应避免固定价格合同。因此,PBL策略通常采用分阶段的签约方法,随着时间的推移，从最初的成本加固定酬金的成本补偿型合同，到成本加奖励金合同，再到固定价格加奖励金合同。

在实施PBL策略时，要优先选择长期合同。由于PBL策略提供了增长利益的基础，其内在的自我激励机制鼓励服务提供方生产优质产品，如提高部件和系统可靠性。只有当合同期限长到足以确保服务提供方的上述措施能得到足够的投资回报时才能实现。

同样，PBL合同也应包括适当的退出准则或者对由于承包商不能继续提供保障（或丧失继续提供保障的兴趣）的最坏情况的处置方法。

对于以建制机构为主导的PBL策略，应当使用谅解备忘录/协议备忘录来确定协议条款、性能输出目标和有关各方的职责。

（四）实施与评估

1.进行PBL的工作案例分析

在进行PBL的工作案例分析的过程中，要从费用的角度评估备选方案，尤其要与现有的保障策略进行对比，以实现作战部队的后勤性能目标。每个军种都有用于进行业务权衡决策的分析方法指南。

2.财政保证

在执行性能协议的过程中，项目经理必须贯彻一种可行的财政过程策略。项目经理必须以作战使用要求为基础估计年度费用，并审查可适用的资金流。个别重点产品和单项专用资金能极好地促进购买性能的目标。资金一旦拨出，作战部队（客户）必须确保实施PBA以及后续保障合同（如果有的话）中所规定的保障所需的资金到位，并提出所需资金的建议。

3.评估

项目经理的监督作用包括制定性能评估计划、监测性能和在必要时修订产品保障策略和基于性能的协议。项目经理也是作战部队的代理人，确认产品保障集成方的绩效，并批准奖励报酬。项目经理还必须采取层层管理方法，而不能假定合同/协议会自我管控。

各军种必须对系统保障策略进行定期评估，将性能和保障的实际水平与期望水平进行比较。这些审查原则上应当在形成初始作战能力（IOC）之后每3~5年或者当要求/设计突然变更或突然出现作战性能问题时进行评估，评估内容至少应包括：

(1)产品保障集成方/提供方的绩效;

(2)所采取的产品改进;

(3)技术状态控制;

(4)以作战部队的要求改变或者系统设计变更为基础,根据需要对PBL协议进行的修改。

项目经理应该根据PBA,至少每个季度对产品保障集成方/提供方的绩效进行一次审查,并利用这些数据准备军种级评估。

四、PBL的显著特点

基于性能的保障具有如下特点:

(1)重点关注装备系统战备完好性,实现军地双方优势互补和风险共担。基于性能的保障是一种针对具体型号装备提出的全新的保障模式,其主要目标是从以购买维修备件、工具、技术资料和训练设备为主的传统保障模式转向重点关注装备战备完好性的基于性能的保障。基于性能的保障的核心是通过装备保障集成方加强对装备全寿命保障的管理,促进军方与合同商的合作,实现优势互补和风险共担,从而在经济可承受的条件下确保型号装备在寿命周期内实现预定的战备完好性目标。从本质上看,基于性能的保障并不是单纯的合同商保障,更不意味着要将更多的任务量和经费分配给地方公司,而是项目办公室将具体的保障业务交给装备保障集成方负责,并向其提出总的战备完好性要求,后者根据装备的实际情况选择装备保障提供方并根据军方和地方的能力与优势进行任务量和经费的分配,在具体分配过程中要考虑装备寿命、现有保障基础设施、军方和商业公司能力等因素,并要接受项目办公室的监督。此外,基于性能的保障仍将受到军方基地级核心维修能力以及"50/50"的经费比例限制。

(2)增设装备保障集成方统筹负责装备保障工作。与传统保障模式相比,基于性能的保障增设了装备保障集成方,负责在项目办公室的指导和监督下统筹负责装备保障工作,致力于以最低的保障费用实现项目办公室提出的战备完好性目标。与以往的保障模式相比,其主要特点在于:①项目办公室不再事无巨细地负责如购买备件等具体的保障事务,而将关注重点放在装备的总体战备完好性和同型装备的整体性能上,并通过基于性能的协议向装备保障集成方提出战备完好性要求,并赋予其相应的保障管理职能,充当装备保障集成方的甲方,但在具体实施过程中对装备保障集成方的工作进行监督;②与以往的主承包商模式相比,装备保障集成方的职责范围更大,而且可以由军方担任,其工作不再局限于某一个具体的业务领域(如维修、供应、改进等),而是在项目办公室的监督下统筹兼顾,灵活选择各种方式和手段,最终实现项目办公室提出的装备战备完好性目标;③基于性能的保障模式具有很高的灵活性,根据装备的实际特点和项目办公室的要求,既可以针对整装实施,又可以在分系统和部件一级开展,而且合同周期相对更长,确保了保障工作的延续性。

(3)具有详细规范的实施步骤。为确保所有基于性能的保障项目科学有序开展,美国国防部面向项目办公室制定了详细规范的实施步骤。在具体的实施过程中,基于性能的保障过程并不是固定不变的。项目办公室可选择最适合于型号装备特点的方式,来安排实施步骤。虽然基于性能的保障标准实施步骤主要由12个部分组成,但在具体实施过程中,实施步骤也不是固定不变的,项目主管可以根据项目需求及具体业务情况对其进行灵活调整。

(4)制定科学合理的顶层评价指标。制定科学合理的顶层评价指标是实施基于性能的保障的前提,也是跟踪、衡量、评估基于性能的保障实施效果的有效工具。美国国防部从装备保障的军事和经济要素出发,提出了5个关键的顶层评价指标:①作战可用性,即装备的能工作时间与能工作时间和不能工作时间之和的比;②使用可靠性,即装备完成的任务占总任务的百分比;③单位使用量所需的费用,即装备的总费用除以适当的度量单位所得的数值;④保障规模,即建制部队或合同商的保障力量规模;⑤保障响应时间,即从提出保障需求到满足该需求所需的时间。

第二节 构建自主式保障的技术途径

冷战结束后,各国国防预算都不同程度地缩减,而武器系统的采办费用日益庞大,经济可承受性作为一个不可回避的现实问题成为各国军方关注的焦点。据国外统计数据,在装备的寿命周期费用中,使用与保障费用占到了总费用的60%以上,甚至达到70%~80%,降低装备使用与保障费用已迫在眉睫。同时,为了适应作战需要,美军在《2020年联合设想》中提出了"主宰机动、精确交战、全维防护、聚焦后勤"四大作战原则,将后勤(保障)方案与作战方案并肩提出。为了实现联合作战和聚焦后勤的目标,必须大幅度缩小后勤保障规模,实现敏捷、准确和经济的全球保障。另外,随着信息技术的飞速发展,装备故障诊断技术得到大幅度提升,已经从过去的机内测试(BIT)和状态监控进一步向涵盖整个装备的故障预测与健康管理(PHM)技术方向发展,使装备自身可以具备预测和健康管理能力,这很大程度上为减少外部保障设备、缩小后勤保障规模创造了条件。

在经济可承受性和全球保障需求的牵引下,在PHM、网络技术等高新技术推动下,美军借助F-35联合攻击战斗机(JSF)项目的研制,提出了自主式保障(Autonomic Logistics,AL)后勤保障方案,其动机主要包括以下几个方面:①借助信息技术等高新技术,将基于状态的维修和美军整个信息链系统相结合,达到后勤保障的信息一体化;②进一步规范和强化装备自诊断、预测与维修保障能力,使装备不仅仅是维修的客体,也是维修保障主体的重要组成,即将维修主体前伸到从装备自身开始;③进一步缩减装备后勤保障环节,优化后勤保障体系和资源,达到精确、机动、快捷、经济保障的目的。

一、自主式保障的内涵

从美军JSF项目网页中可以找到关于自主式保障的定义:自主式保障是将F-35当前性能、使用参数、当前技术状态、计划升级和维修、部件历史、预计性诊断(预诊断,即预测)、健康管理和服务保障集成为一体的一种无缝衔接的嵌入式解决方案。从根本上说,自主式保障就是通过高效的幕后监控、维修和预测来保障飞机,确保飞机持续处于健康状态。自主式保障系统是一种基于性能的后勤保障结构,包含着政府与工业界之间的合作性伙伴协议。

二、自主式保障的目标

美国海军陆战队后勤司令部对自主式保障提出的目标是:自主式保障是为克服在严酷环境下收集和处理与地面战术装备有关的任务关键性数据所存在的缺陷而制定的海军陆战队方案。当前和未来的作战方案要求实时看到战场上的武器和保障系统的使用状态。自主式保障方案就是为更好地利用现有的技术和能力,使地面战术装备能自动地为指挥与控制、作战保障以及装备寿命周期应用提供系统识别与定位、燃油与弹药存量、移动负载以及系统健康数据而设计的方案。

从自主式保障的定义可以看出：自主式保障的目标之一就是系统知识收集与利用的自动化。F-35的自主式保障系统可以随时掌握飞机的技术状态和使用状况，从而能够自主地做出复杂的使用、维修和保障决策。正如美国海军陆战队后勤司令部所提及的那样，利用现有技术和能力自动收集系统数据实现自主系统管理，能显著地提高资产利用率。自主式保障的另一目标是实现关键维修和保障数据收集的自动化。这是对所有复杂后勤系统改进工作的一项要求，所需要收集的数据应是对实现系统的性能指标有用的那些方面的数据。

自主式保障借助信息化手段，将保障要素综合起来，形成一种无缝的后勤保障系统，这种系统将使武器系统能够以最低的费用达到规定的能执行任务率。自主式保障是一种主动的而非被动反应式的后勤保障系统，其不仅能够最大限度地识别问题，而且能够自主启动正确的响应。以F-35为例，F-35的自主式保障系统是一种借助先进数字化信息技术的全新的维修与保障系统，它将原先的劳动密集型活动如维修、备件供应和运输管理等变成了一种自动化实现的方案，即当飞机还在空中飞行时，机载的预测诊断系统所检测到的飞机故障信息便可自动传输给地面的维修站和后勤补给系统，使其准备好相应的零备件、技术资料、维修人员和保障设备等。当飞机着陆后便可快速进行维修，保证飞机再次出动，缩短飞机再次出动准备时间，提高飞机的出动强度，并大幅度减少维修工作量，节省使用和保障费用，提高飞机的战备完好性。

三、自主式保障的优势

自主式保障系统类似于人体的自主式神经系统，是一种主动自主反应的保障系统，其优势突出表现在以下几方面。

（1）故障通报及时，提高了保障的针对性和保障效率，降低了保障成本。自主式保障系统能将大多数关键故障在机上实时检测并隔离出来，而且能预测即将发生的故障和部件的剩余使用寿命，能自动进行备件的订购和跟踪，自行制定任务计划和航程计划，维修人员还可以提前演练技能等，保证了根据装备的实际需要实现"即时"保障，大幅度降低保障成本。

（2）故障诊断准确，自动化程度高。现有保障系统中的测试能力（如BIT、

PMA 和 ATE)只能给出不太准确的故障指示,大部分的故障诊断分析工作还需要由维修人员来完成,常常导致不正确的维修活动。而自主式保障系统依靠机上 PHM 系统的综合报告自动做出决策,大部分诊断工作已自动完成,航线维修技师仅需完成最后的部件拆卸、更换等简单的维修工作,从而最大限度地减少了不正确的维修活动。

(3) 提高了保障的快速反应能力和保障系统的灵活性,能更好地满足作战的需求。自主式保障与传统保障的显著区别是启动时机不同。传统保障系统要等到飞机着陆后,由维修技师从机上下载有关状态监控和故障诊断数据,并与飞行员所做的飞行报告进行综合分析后才开始启动,为下次任务订购所需的零备件、工具和设备,指派适当的维修人员进行维修和保养。而按照自主式保障方案,当飞机在空中飞行时,机上的 PHM 系统就可将检测到的飞机故障自动报告给地面的后勤保障系统,通知它准备好相应的备件、维修人员和保障设备等待飞机,在飞机着陆前就为下次任务做好准备。

总之,自主式保障能提高装备的战备完好性,缩短再次出动准备时间,并大幅度减少维修工作量,节省使用和保障费用,有助于实现基于状态的维修和两级维修体制。

第三节　实施持续保障的寿命周期管理

寿命周期管理是指在一个武器系统的整个寿命周期中,由军方任命的项目经理来落实、管理和监督与采办、研制、生产、列装、保障和处置有关的所有活动。寿命周期管理使装备的采办和保障实现了一体化。前面所提及的 PBL 是美国国防部优先推行的一种装备保障方式,是一种全寿命保障策略。

一、持续保障的内涵

持续保障指的是为维持系统战备完好性和作战使用能力所需的所有保障职能的总称,包括器材管理、分发、技术数据管理、维修、培训、编目、技术状态管理、工程技术支持、维修备件管理、故障报告和分析以及可靠性增长。

寿命周期持续保障是指为获得全面、经济可承受和有效的系统性能而进行的早期规划、研制、实施和管理。其目标是确保在系统寿命周期中,在与采办、研制、生产、部署、保障和报废有关的所有规划、实施、管理和监督活动中,综合考虑持续保障因素。

二、持续保障的要求

2001年,美国国防部颁发的5000系列采办文件提出了一种新的采办管理框架,该框架包括3项活动:系统采办前、系统采办和持续保障。新采办文件提出:把保障性、互用性作为关键性能参数;在系统工程过程中强调后勤保障因素;通过技术更新和其他手段连续提高武器系统保障性水平;有效综合武器系统集中保障,为用户提供优化保障;理顺保障基础设施要求等。

2003年,美国国防部颁发的5000系列采办文件,进一步强调对武器系统实行全寿命周期系统管理(TLCSM),由指定的项目经理负责对国防部武器装备寿命周期内与采办、研制、生产、部署、持续保障和报废有关的所有活动的实施、管理和监督。项目经理对武器系统采办项目在全寿命周期(包括持续保障)中要完成的目标负总责,成为全寿命周期系统管理经理。项目经理不仅负责及时有效的系统采办,而且还作为主管武器系统在整个寿命周期内的持续保障的主要负责人。2003年的采办文件还规定保障性和持续保障作为装备关键的性能要素,在整个寿命周期中必须对持续保障策略定期进行审查,以识别所需的修正和更改,以便及时改进持续保障策略以满足性能要求。

2006年8月17日,美国联合参谋部发布的备忘录《关键性能参数研究的建议和实施》指出:联合要求监督委员会(JROC)批准持续保障作为一个关键性能参数。所有重大防务采办项目(MDAP)和选择的ACAT Ⅰ和Ⅲ的项目执行必须采用持续保障关键性能参数。

2007年8月,美国联合参谋部发布的另一份备忘录指出:持续保障是一项关键性能要素。持续保障计划的前期工作应使采办方和要求方能够为作战部队提供具有最佳可用性和可靠性的武器系统。持续保障关键性能参数的数值由装备使用要求、作战使用想定及用于补给计划的后勤保障等导出。为研制一套能提供满足作战部门要求的装备系统,必须建立持续保障目标,并且按照这些参数对整个装备系统的性能进行度量。

2009年6月,美国国防部正式颁发《可靠性、可用性、维修性和拥有费用(RAM-C)手册》,要求在重大里程碑节点都要进行"可靠性、可用性、维修性和拥有费用(RAM-C)"的评审。该手册全面阐述了持续保障关键性能参数(Sustainment KPP)的定义、内涵、要求,以及如何确定持续保障KPP及其各个子参数量值的方法,并提供了如何制定拥有费用要求的详细指导。

2009年7月,参谋长联席会议主席签发《联合集成能力和开发系统运行手册》,详细规定了持续保障关键性能参数的定义、内涵、确定和更改。这些持续保障KPP包括可用性参数(装备可用度AM和使用可用度Ao)、可靠性参数(装备可靠度RM)和费用参数(拥有费用OC)等关键系统属性(KSA)。

2009年10月,美国总统奥巴马签署了2010财年国防授权法,确立了产品保障经理(PSM)对武器系统产品保障的关键领导地位(即PSM是项目办公室的一个有机成员,直接支持项目经理规划和执行其寿命周期管理责任),并重申了国防部对寿命周期产品保障管理的承诺。

2009年12月,美国国防部公布了一份《武器系统采办改革产品保障评估》报告,得出了一些驱动下一代产品保障策略所需要的重要研究结论和建议,其中包括实现产品保障改革需继续改进的8个主要业务领域,分别是:产品保障业务模型(PSBM)、产业集成策略、供应链运行策略、管控、指标、使用和保障费用、分析工具、人力资本。该报告在前言中指出,随着美国国防部武器系统采办改革的深入进行,对于产品保障的关注必须得到加强,必须更好地关注寿命周期管理,以便使作战部队取得经济可承受的作战使用结果。

2010—2011年,负责后勤和装备完好性(L&MR)的国防部助理部长办公室完成了研制和实施一种产品保障业务模型的开创性工作,并出版了一系列辅助PSM开展综合产品保障工作的指南,包括《国防部(DoD)产品保障经理指南》《DoD产品保障业务工作案例分析(BCA)评估指南》和《DoD后勤评估(LA)指南》等。

2011年4月,美国国防部出台的《国防部产品保障经理指南》作为PSM落实下一代产品保障策略的操作指南,在其中概述了新确立的12项综合产品保障(IPS)要素,作为对传统的十大综合后勤保障(ILS)要素的有力增强和更新。增加的两个要素:产品保障管理和持续工程反映了产品保障经理(FSM)和寿命周期后勤师将具有超出传统后勤领域的更强的总体作用和职责。对传统十大ILS要素的其他改进包括:①维修规划转变为维修规划和管理,除维修规划活动外,还纳入了维修管理和实施活动;②训练和训练设备变成训练和训练保障,强调对训练策略和实施的寿命周期关注;③设施变成设施与基础设施,突出强调了设施不只包括建筑设施;④计算机资源保障变成计算机资源,更关注计算机资源的信息技术方面。

三、全寿命周期管理

2008年7月31日,美国国防部发布备忘录《实施寿命周期管理框架》,要求在装备整个寿命周期内实施全系统寿命管理政策。备忘录明确指出:"实施寿命周期管理是国防部的最高优先权。"寿命周期管理,就是在装备的寿命周期内对装备保障问题实施系统管理,以保证装备达到最佳保障性水平。寿命周期管理包括但不限于以下内容:①完成持续保障后勤目标;②产品保障策略的发展及实施;③持续保障策略的持续审查。

为实施寿命周期管理,美国国防部扩展了项目经理的产品保障职能,使其负责整个寿命周期的工作,特别是负责产品保障管理职能。项目经理主要追求两个目标:①已设计、维护或修改的武器系统应尽量减少后勤需求;②后勤保障应具有有效性和高效性。在满足武器系统需求时,对保障资源的需求应最小化。

为实施寿命周期保障政策,美国国防部还大量采用民用现有成熟技术来实施军民一体化保障:①大量采用民用规范和标准,实施军民两用生产线;②大量采用民用物流管理系统,提高装备和保障资源运输效率;③采用产品唯一标识技术、电子交互手册、状态监控、腐蚀预防等。这些技术已在民用领域广泛应用,通过采用这些技术,降低产品的保障需求,提高产品保障能力。

第十七章
构建完备的装备保障服务体系

装备保障服务体系是指研制单位旨在满足军方用户对武器装备战备完好性的要求,综合考虑装备的保障问题而专门对保障资源进行的有机组合,包括业务部门、保障专业人员、专用设备设施、关键支撑技术、保障信息平台等。其职能包括:①研制过程开展保障性设计和保障资源开发,实现装备的"先天好保障";②交付后响应军方用户的保障需求,实现"后天保障好"。装备保障服务体系是依托研制单位、专注保障问题、聚焦研制过程、贯穿寿命周期的有机整体,其与装备科研生产体系高度耦合、融为一体。

第一节 外军装备保障服务体系的特点

加强装备保障服务体系建设是外军提升装备保障能力的有效举措。随着新军事变革进程的深度推进,外军装备保障服务体系建设也日臻完备。总体上看,外军装备保障服务体系建设有许多经验值得借鉴。

一、将装备保障服务体系融入其科研生产体系之中

外军把装备保障服务体系有机地融入装备科研生产体系。外军认为,装备保障服务体系不是独立于科研生产体系之外的另一套体系,而是科研生产体系不可或缺的有机组成部分。外军将保障服务体系融入装备科研生产体系的全过程,根本目的就在于实现装备的"先天好保障"和"后天保障好"。

(一)在装备研制阶段即进行保障性设计和保障资源开发

保障性是设计出来的、生产出来的、试验验证出来的,也是管理出来的。将保障性设计、分析和验证评价过程紧密融入武器装备的研制过程之中,使保障

性和其他设计特性一起经过权衡研究分析,实现保障性能与作战性能的一体化设计和一体化试验验证。同时,同步规划和开发保障资源,实现装备的"先天好保障"。

（二）将保障服务活动延伸至装备退役报废阶段

美军强调对武器装备要进行全寿命周期保障。美军在2011年发布的《产品保障经理指南》中提出将"持续保障工程"纳入产品保障要素范畴,将交付后直至报废阶段的持续保障活动作为一项从研制阶段就要考虑的保障要素,并具体规定了各个阶段持续保障的工作内容。其他主要军事国家的防务承包商也都专门设立了保障服务机构,用以确保武器装备的"后天保障好"。

二、研制单位专门设立保障服务机构用以响应用户需求

在装备研制阶段,项目开发团队就开展保障性设计与保障资源开发等工作。对具体型号装备,研制单位通常设有产品保障经理或综合后勤保障经理。保障师参与产品设计团队,分解用户的保障性要求,将保障性作为与战技指标同一层次的设计指标纳入设计过程,并同步开发保障资源。

国外大型装备的承包商通常专门设立保障服务的组织机构,旨在面向交付后的产品进行保障。美国、欧盟、俄罗斯等主要的防务承包商均建有专门的与保障服务有关的部门。波音公司的全球服务和保障部是波音五大业务单元之一,业务主要包括使用、维护、培训、升级和后勤保障等。洛克希德·马丁公司在2010年重组业务过程中,专门成立了全球培训和后勤保障服务业务单元,用以提升培训和后勤保障能力。该业务单元技术员工超过1万名,业务范围包括提供综合集成应用(包括综合后勤保障和持续保障)、任务运行保障、战备完好性、工程保障和集成服务以及提供仿真模拟和培训服务等。承包商这种设计和保障组织分离的模式适应了国外武器装备交付后较长时期的持续保障合同需要。

三、军方主导装备保障服务活动的各项需求

军方用户是装备保障需求的牵引方。经过充分的需求论证,提出新研武器装备的使用方案和保障方案,将保障性要求提升到与战技指标一个层次,并纳入使用要求文档等相关文件。美国军标规定,使用要求文档的使用性能概述中

要包括使用方案和保障方案,分析现有系统在保障性方面的缺陷,后勤和完好性方面将任务完好率、出动架次率、使用频率等指标用定量数据给出,此外还包括维修计划、保障设备等。使用要求文档在里程碑的不同阶段需要提交不同的版本,文档中必须包含对以前同类型号保障性存在问题的分析。用户代表参与保障综合团队,与国防部、研制单位进行协调和信息交互沟通;提出持续保障要求,与国防部项目经理签订基于性能的合同(协议)等。

四、主管部门统筹协调装备寿命周期保障的各项活动

(一)国防部统筹管理全寿命周期保障活动

美国、英国等国的国防部设有集中统一负责装备采办和保障的部门,如美国设有负责采办、技术和后勤的国防部副部长办公室;英国2007年合并国防采购局和国防后勤局组建装备寿命周期管理的新机构——国防装备与保障总署。国防部的这些机构统筹管理武器装备寿命周期内的保障活动。

(二)建立健全相关法规制度

为确保装备保障服务活动的顺畅运行,外军建立了完善的法规制度。一是规范国防采办行为的法规,主要包括《联邦采办规定》《国防联邦采办规定补充条例》《单项联邦采办规定补充条例》等。二是规范合同商保障的法规,在《美国法典》等多部国家法律中对合同商保障问题制定了专门条规。美军在合同商保障方面基本上形成了配套健全的法规体系:在组织体系上可分为国防部和各军种法规;在形式上有指令、指示、条例、野战手册、手册、联合出版物、备忘录等;在内容上可分为应急合同保障、合同商部署规定、战场合同商保障。它主要包括:参谋长联席会议发行的联合出版物,国防部的指示、指令、手册和备忘录,军部的条例、野战手册和部小册子等。

(三)充分发挥政策和标准指南的引领作用

美军是综合保障概念的首创者。自20世纪60年代起,美军就一直对保障理念和保障政策进行不断更新。2011年,美国国防部更新了《防务采办指南》,并相继发布了《产品保障经理指南》《商业案例分析指南》和《后勤评估指南》。其中《产品保障经理指南》进一步完善了产品保障的体系框架,提出了"保障成熟度"等工具,体现了美国国防部关于产品保障的最新政策、理论和实践。

（四）强调项目经理的统筹协调功能

在具体项目层面，美国国防部指令规定，项目经理是全寿命周期系统管理的唯一责任人。项目经理指定或兼任保障经理，担任保障性综合产品团队的领导来具体组织实施保障活动。美军倾向于采用"基于性能的保障"模式，在此模式下，项目经理对上游与军方用户、下游与产品保障集成方分别签订基于性能的合同（协议），代表政府采购保障能力，并交付给军方用户转变为其作战能力。

第二节 从国外装备保障服务体系建设得到的启示

装备保障服务体系建设不仅夯实了外军装备保障发展的基础，也助推了外军装备保障能力的提升。从外军装备保障服务体系建设的经验来看，我们可得到如下启示。

一、关键技术的迅猛发展是装备保障服务体系建设的强力支撑

装备保障服务体系建设涉及保障综合技术、保障信息技术、保障仿真技术、保障智能技术、保障信息支撑平台等一系列关键技术，这些关键技术为改善武器装备系统可靠性、维修性、保障性（RMS）属性、缩短武器装备的研制周期、降低寿命周期费用和风险、提升保障性方案设计与分析的精度和效率、提升武器装备的战备完好性，提供了重要支撑。随着计算机、数字通信、网络传输、可视化模型等先进技术的飞速发展，并行工程、综合产品与过程开发、持续采办与寿命周期保障各类管理方法与框架的应用，全资可视化系统、装备保障仿真系统、智能导师系统等先进保障系统的建立，使得装备保障关键技术向综合化、信息化、仿真化、智能化发展。这些关键技术应用于装备寿命周期的各个阶段，为保障任务的顺利完成奠定了技术基础，对提高武器装备的保障水平和保障能力起到了重要的推动作用。

二、保障服务体系建设是提高装备保障效能的有效手段

（一）提高装备采办效率

美国在武器装备采办中，以实现经济可承受的武器系统运行有效性为目

标,统筹权衡保障相关因素,通过统筹技术性能设计与保障性能设计、统筹设计过程有效性与使用过程有效率、统筹性能产出与寿命周期成本投入、统筹主装备研制与保障系统同步构建,明确采办各阶段的主要保障活动及关键项目文件,将保障服务活动融入采办寿命周期,助推装备采办体系运行效率的提高。

(二)提高装备战备完好性

通过在研制阶段强调保障性设计,"阵风"战斗机采用自主式保障性设计,比"幻影"2000减少了30%的地面人员保障需求;寿命周期保障采用基于性能的产品保障、可用性合同等策略,美军装备可用性提高了20%~40%。在保障资源规划方面,通过对长线零部件识别与处理、应对停产零部件问题、对维修维护所需零部件需求进行预测预警等,减少了等待延误时间,提高了战备完好性。

(三)降低装备寿命周期费用

通过在项目早期,以性能和费用为主来权衡保障方案;强调利用标准、通用的软硬件设备,节省费用;应用基于性能的产品保障策略等,可极大降低装备寿命周期费用。

(四)减少保障活动的风险

通过对各种降低研制、生产和使用保障费用的关键技术进行投资与验证;在寿命周期规定的间隔,开展保障性分析、评估等工作,可有效降低保障过程中的各类风险。

第十八章
加强我军装备保障性建设的建议

当前,我军装备保障性建设已经进入了发展的新阶段。积极借鉴外军装备保障性建设的有益经验,是加强我军装备保障性建设的现实需要。当今世界,任何一支军队,关起门来搞建设,都是不可能实现现代化的。但由于各国国情军情不尽不同,学习外军,也要对什么东西可以学,什么东西不能学,做到心中有数。即使对于外军一些好的经验与做法,也不能采取简单的拿来主义,生吞活剥、生搬硬套,而应结合我军的实际情况加以消化和吸收。

第一节 大力推进我军的装备保障服务体系建设

着眼我军装备保障能力建设的现实需求,借鉴外军装备保障服务体系建设的有益经验,当前应从我国国情军情出发,以推进装备保障军民融合深度发展为突破口,大力加强我军武器装备保障服务体系建设。

一、把保障服务活动纳入武器装备整体作战能力建设中通盘考虑

保障服务活动事关武器装备的整体作战能力建设。要充分认识保障服务活动在武器装备整体作战能力建设中的地位和作用,扎实做好武器装备保障工作的顶层设计和总体规划。要充分认识研制阶段对装备保障性能的决定性作用,充分发挥研制单位对装备保障建设的"先天优势",实现作战能力和保障能力建设的整体优化与协调发展。

二、把保障服务体系纳入国防科研生产体系

将保障服务体系的要素、工作融入科研生产体系中,并从研制阶段延伸到

全寿命周期的各个阶段。充分采用系统工程的方法,在方案设计与选择等步骤,将保障性指标提升到与作战性能同一层次进行考虑,确保保障性及早影响系统设计。借鉴外军保障成熟度等级的做法,规范保障性设计工作的开展,实现保障性与作战性能的一体化设计、一体化验证,实现武器装备整体性能的平衡优化。

三、把保障专用设施设备建设纳入军工核心能力建设体系

在军工核心能力建设的规划中,要充分考虑装备研制阶段保障性设计专用设施的需求,落实资金投入渠道,做好与设计开发、试验验证、生产制造等方面能力建设的统筹协调。要统筹考虑、协调解决综合保障能力建设在国防科技工业部门与军队之间、军工行业之间、国家不同区域之间的优化配置,实现保障基础设施的能力协调和布局优化。

四、把装备保障关键技术纳入国防科技技术创新体系

基于全寿命周期管理的理念,要把装备保障的关键技术纳入国防科技创新体系,实现武器装备关键技术的整体优化。要做好装备保障关键技术的创新管理,落实保障性研究的资源,做好研究成果的推广应用。建立保障关键技术的技术创新组织,建立相应的研发机构和开放式合作创新平台,促进装备保障关键技术的稳健发展。

五、把保障信息平台建设纳入国防科技信息化体系

要充分认识保障信息在武器装备全寿命周期中的作用,充分利用信息技术手段,做好保障信息与研制信息、生产信息、使用信息、维修信息的融合,实现保障信息在研制单位内各部门之间、研制单位与使用维修单位之间的交互共享。

第二节 用系统的观点看待装备的保障性工作

保障性不仅事关武器装备列装后是否"好保障",而且还决定了能否"保障好"。保障性不仅是生产出来的,更是设计出来的、试验验证出来的,同时也是管理出来的。保障性工作应贯穿于装备研制生产的全过程。

一、论证阶段就要提出切实合理的装备保障性指标

装备保障性指的是与装备的使用和维修保障有关的设计特性,如可靠性、维修性,以及使装备便于操作、检测、装卸、运输和补给等有关的其他设计特性。保障特性的好坏直接关系到装备战斗力的形成。

论证阶段是武器装备发展的重要环节,是装备全寿命的起点,该阶段的工作不仅影响能否按照要求完成武器装备的研制任务,而且将影响装备服役后的作战能力。为了保证把保障特性"设计"到装备系统中,必须在立项阶段就提出可以度量、可以检验的可靠性、维修性和保障性指标。论证阶段提出的保障性要求及其定量指标是后续研制阶段的主要依据。在提出装备保障性要求的过程中,必须遵循客观规律,切实从新研装备的任务需求和使用要求出发,根据装备的使用方案,提出合理的保障性因素和保障性水平要求。应通过备选方案的评价和权衡分析,不断优化保障性指标要求。由于在立项阶段缺乏足够的必要信息,同时保障性要求的确定不仅涉及军方对未来武器系统的需求问题,还涉及许多实际条件的限制,因此需要在整个立项阶段进行反复分析和多方面权衡。

二、保障性设计要真正落实到装备研制过程之中

就我军装备研制合同而言,合同中往往缺乏详细的保障性指标要求,或者即使有这方面的要求,其指标也过于笼统,缺乏可操作性和可考核性,致使保障性指标要求流于形式;另外,合同中也往往缺少在装备研制中重视保障性的激励与约束条款,使得研制方缺乏开展装备保障性工作的动力和压力。以上原因致使我军武器装备在保障性设计方面远远落后于美国等发达国家的军队。为真正将保障性设计落到实处,我们应采取有效措施,使装备研制厂商能够积极主动地将保障性设计置于装备研制的重要位置上,装备研制总要求必须要明确综合保障要求,研制合同也要明确与装备综合保障计划相对应的保障性工作。方案阶段要根据作战指标要求编制型号保障性大纲,对产品的保障性工作进行全面策划,确定研制阶段保障性工作项目及过程控制要求。

三、要同步研制维修保障资源

保障性直接关系到装备战斗力、保障力的生成和发挥。越是复杂、先进的武

器装备,要形成战斗力,就越要求有强有力的维修保障。装备与其维修保障是密不可分的。武器装备要有战斗力,就必须将其与必要的维修保障资源结合起来,也就是要从全系统的观点出发,将装备研制与维修保障资源研制同步进行。

维修保障资源由经过综合和优化的维修保障各要素构成,包括维修组织机构、维修规章制度、维修人员与维修训练、维修物质资源(包括维修和保障设备、工具、检测与诊断设备、维修设施、备件等)以及维修技术资源(如计算机程序、技术资料与数据等)。

要实现武器装备与维修保障资源的同步研制,就必须在武器装备最初的设计阶段充分考虑装备的维修保障诸要素,并随着研制工作的深入、细化,反复分析,综合权衡,使装备与维修保障系统各要素之间相互协调匹配,保证装备系统在交付使用之前就有形成有效战斗力的潜力。

第三节　加强装备保障性的试验与评价工作

开展保障性试验与评价是保障性要求在装备研制中得以落实的有力保证,没有科学、严格的试验验证作为监控手段,装备的保障性就无法保证。西方各国都非常重视装备的试验与评价工作。结合我国国情军情,在装备保障性试验与评价方面,应着力做好以下几方面的工作。

一、牢固确立装备保障性试验与评价的发展理念

保障性试验与评价是实现装备综合保障目标的重要而有效的决策手段,它贯穿于装备系统研制与生产的全过程,并延伸到装备部署后的使用阶段。在装备寿命周期的早期就必须规划与实施保障性的试验和评价工作,及早发现设计、研制中的问题和缺陷,及时纠正和提出相应的改善措施,为各阶段的综合保障工作决策提供重要依据。保障性的评估,是反复有序迭代的分析过程,其效果将随着试验对象和试验环境条件真实性的提高而提高,保障性的最终评价也只有在装备部署后的保障性试验与评价时才能确定。

二、严格装备保障性试验评价的内容、方法与程序

军代表要严格监督,将装备保障性试验与评价及早纳入研制试验与总体评

价计划中,积极参加保障性试验,收集试验数据,针对试验结果进行分析和评定,切实做好装备故障模式影响及危害性分析。要按照技术要求对装备进行充分试验,通过长时间的寿命试验和可靠性增长试验,把装备置于最严酷的使用环境条件下进行极限试验考核,验证装备的可靠性是否满足设计指标要求,暴露影响可靠性、维修性和保障性的薄弱环节,进行重新调校或改进设计。要贴近实战考核,在装备定型或设计鉴定试验时,坚持以"战法"牵引"试法",组织开展维修性、保障性试验考核,使装备更好地满足设计指标和使用要求。要严格试验标准,按照装备研制合同、试验大纲及相关标准规范,以数据为依据,对试验指标进行验证考核。

三、加强保障性试验与评价的风险管理

保障性试验与评价是评估装备保障性的主要方法,试验与评价的结果对在装备寿命周期各阶段作出关键决策至关重要,如使用试验与评价的结果可在装备投产前就能证明是否达到军方要求,哪些地方存在着适用性方面的问题。从目前来看,各主要军事国家均设立了独立的保障性试验与评价的监督管理机构,对整个试验与评价过程进行监控和协调,且权责划分明确,能预防和减少对研制、生产或部署决策的失误。

四、重视保障性试验与评价的信息收集与管理工作

保障性试验与评价需要大量数据和信息做支撑,这些信息既来源于装备使用部门,也产生于装备承制部门的研制过程,同时又为这些部门所应用。美国、法国等国都强调建立装备试验与评价的信息数据库。制定装备保障性试验与评价的信息管理标准和制度,建立适用的试验与评价的数据收集、处理和反馈系统,有目的地收集可用信息,将极大提高试验效率,缩短武器系统研制时间。

五、加强用户与承制方的密切合作

从目前各国装备试验与评价工作的发展趋势来看,一体化的形式已越来越为武器系统项目管理所采用。这主要在于,承制方对军方的使用与维修制度和现状不熟悉,同时,军方也缺少在设计工程中如何考虑保障问题的实践经验,在这种情况下,只有通过双方的密切合作,才能使试验与评价工作有效科学地进

行,为武器系统的研制、生产、使用提供合理正确的决策依据。

六、加大对装备保障性试验与评价专业人才的培养

保障性试验与评价既要考虑装备的完好性,又要考核保障系统的使用效果,从事装备保障性试验与评价工作,需要有装备设计、使用与维修、装备管理及可靠性、维修性和综合保障工程等方面的专业知识、实践经验和管理能力。这些知识、经验和能力,既需要实践锻炼,更需要进行专门的培训才能获得。外军建有相应的院校,专门培养从事这方面工作的初、高级工程技术与管理人才。相比于外军,我军这方面工作起步较晚,这一领域的专业技术人才还相对缺乏,当前应积极借鉴和吸收外军的有益经验,下大力抓好装备保障性试验与评价专业人才的培养工作。

参考文献

[1] 徐兴柱,赵然. 从研制源头做好装备保障设计性工作[J]. 海军装备,2013(4):5-6.

[2] 张怀强,魏汝祥,梁新. 从源头加强装备保障性管理[J]. 海军杂志,2009(5):51-52.

[3] 马瑞萍,尹晓飞,赵全仁. 对保障性概念的理解与运用[J]. 军用标准化,2008(6):35-38.

[4] 谭延平. 关于装备保障性定义及内涵的再思考[J]. 科技研究,2004(6):46-48.

[5] 孔繁柯,陈春良. 关于装备建设保障性目标的思考——兼论装备的执行任务能力[J]. 装甲兵工程学院学报,2009(2):1-4.

[6] 陈野. 国外保障性试验与评价的做法与启示[J]. 装甲兵工程学院学报,2005(2):27-30.

[7] 张宝珍. 国外新一代战斗机综合保障工程实践[M]. 北京:航空工业出版社,2014.

[8] 林剑锋. 加强装备研制中的保障性设计研究[J]. 海军装备,2016(3):57-59.

[9] 焦胜才,刘用权. 论保障性设计与装备战备完好性的提高[J]. 装甲兵工程学院学报,1997(2):54-57.

[10] 吴勋,孟宪君,秦绪山,等. 论证阶段保障性工作综述[J]. 军用标准化,2007(4):35-38.

[11] 金星. 美国军工产品保障制度对国内综合保障工程的启示[C]. 第五届中国航空学会青年科技论坛,2012.

[12] 梁春华,徐庆泽. 美国提高第4代战斗机发动机保障性的措施与关键技术[J]. 航空发动机,2014(2):81-86.

[13] 刘佳妮,王林珍,刘伟,等. 美军"基于性能的保障"对我国装备动员的启示[J]. 装备指挥技术学院学报,2011(6):33-36.

[14] 张红梅,刘沃野,董良喜. 美军PBL理论及对我军装备保障的启示[J]. 装甲兵工程学院学报,2010(5):18-22.

[15] 姚鹉,何荣光,付皓. 美军四代机研制中的保障性建设探析[J]. 空军装备,2008(10):56-58.

[16] 孙磊,贾云献. 美军武器装备RMS试验与评价工作的分析与启示[J]. 质量与可靠性,2010(3):51-55.

[17] 王绪智. 强调可靠性、维修性与保障性.国外军用装备系统发展新趋势[J]. 国际航空杂志,2010(9):65-67.

[18] 于飞,刘旭东,徐吉辉. 提高军事装备保障性的几种措施[J]. 海军航空工程学院学报

（综合版），2007(2):43-45.

[19] 肖慧鑫,王静滨. 未来武器装备可靠性维修性保障性发展趋势[J]. 设备管理与维修, 2006(9):7-9.

[20] 康锐,于永利. 我国装备可靠性维修性保障性工程的理论与实践[J]. 中国机械工程, 1998(12):3-7.

[21] 郑顺利,刘治德,陆继珍. 武器系统研制中的保障性研究[J]. 空军装备,2012(1): 45-46.

[22] 王玲琰. 武器装备保障性和综合保障[J]. 船舶标准化工程师,2006(4):12-15.

[23] 张凌寒. 武器装备保障性评估方法研究[J]. 舰船电子工程,2008(9):13-17.

[24] 肖慧鑫,王静滨. 武器装备可靠性维修性保障性发展研究[J]. 国防科技,2006(6): 78-81.

[25] 胡红波. 以系统思维做好研制型号的保障性工作[J]. 海军装备维修,2013(9):26-27.

[26] 姚鹫,何荣光. 由美军四代机研制中的保障性控制得到的启示[J]. 飞机工程,2008 (3):42-44.

[27] 美国国防部.国防部武器系统的保障性设计与评估——提高可靠性和缩小后勤规模的指南[R].2003.

[28] 美国国防部.基于性能的后勤(PBL):项目经理的产品保障指南[R].2004.

[29] 中国航空工业发展研究中心. 美军基于性能的后勤的发展与应用研究[R]. 2007.